Web 开发经典丛书

RESTful API 开发实战

使用 REST *JSON* XML 和 JAX-RS 构建微服务 大数据和 Web 服务应用

[美] Sanjay Patni 著

郭理勇 译

清华大学出版社

北 京

Sanjay Patni
Pro RESTful APIs: Design, Build and Integrate with REST, JSON, XML and JAX-RS, First Edition
EISBN：978-1-4842-2664-3

北京市版权局著作权合同登记号　图字：01-2017-5755

图书在版编目(CIP)数据

RESTful API 开发实战　使用 REST JSON XML 和 JAX-RS 构建微服务 大数据和 Web 服务应用/ (美) 桑杰 • 帕特尼(Sanjay Patni) 著；郭理勇译. —北京：清华大学出版社，2018（2023.11重印）
(Web 开发经典丛书)
书名原文：Pro RESTful APIs: Design, Build and Integrate with REST, JSON, XML and JAX-RS, First Edition
ISBN 978-7-302-49211-5

Ⅰ. ①R… Ⅱ. ①桑… ②郭… Ⅲ. ①互联网络－网络服务器－程序设计 Ⅳ. ①TP368.5

中国版本图书馆 CIP 数据核字(2017)第 331724 号

责任编辑： 王　军　韩宏志
封面设计： 牛艳敏
版式设计： 思创景点
责任校对： 曹　阳
责任印制： 杨　艳

出版发行： 清华大学出版社
网　　址：https://www.tup.com.cn，https://www.wqxuetang.com
地　　址：北京清华大学学研大厦 A 座　　邮　　编：100084
社 总 机：010-83470000　　邮　　购：010-62786544
投稿与读者服务：010-62776969，c-service@tup.tsinghua.edu.cn
质 量 反 馈：010-62772015，zhiliang@tup.tsinghua.edu.cn
印 装 者： 三河市人民印务有限公司
经　　销： 全国新华书店
开　　本： 148mm×210mm　　印　　张：4.625　　字　　数：125 千字
版　　次： 2018 年 2 月第 1 版　　印　　次：2023 年11月第 5 次印刷
定　　价： 48.00 元

产品编号：076424-01

译者序

每个互联网从业人员都有这样一种感觉：RESTful API 概念既熟悉又陌生。熟悉的是我们能在大量开放平台或开源项目中看到它的身影，如常见的 OpenStack、Kubernetes API 等，众多企业基于开放的 RESTful API 实现了业务扩展和资产获利；而陌生的是我们似乎很难找到 RESTful API 的准确定义，也不了解如何真正在实际项目中使用它。如 REST 和 SOAP 协议到底有何区别？RESTful API 和 HTTP 协议到底存在什么关系？REST 的安全性如何保证？令人欣慰的是，拜读 Sanjay Patni 先生这本著作后，这些问题都将迎刃而解。

REST 一词是由 Roy Fielding 博士于 2000 年在他的博士论文 *Architectural Styles and the Design of Network-based Software Architecture* 中提出的，实际指一种有助于创建和组织分布式系统的架构风格。它并不是一个标准或准则，而是一种基于资源的架构风格。基于 REST 风格构建的 API 应该满足 CS 模式交互、统一的资源接口、透明的分层系统以及支持无状态和缓存等条件约束，另外需要保证 API 的安全性等。以 REST 风格构建的系统将在性能、可扩展性、可移植性、可靠性等多个方面得到提升和优化。

本书作者 Sanjay Patni 拥有 15 年以上的企业级软件开发经验，尤其在构建 RESTful API 方面有深厚的理论研究和技术实践背景。本书主要从 RESTful API 的架构、设计和编码三个方面进行深入介绍。首先阐述 REST 的基本原理和准确定义，并对 REST 与 SAOP 协议的差异，以及 XML/JSON 等数据交换格式等进行全方位比较。其次在 API 设计和建模方面讨论 API 的完整生命周期和 RESTful API 设计的最佳实践，着重介绍 API 组合和框架如何实现 API 的一致性和可重用性，以及 API 平台管理、API 安全性和缓存机制等。另外通过一个实际案例(播客 podcast)演示如何通过 RAML 建模工具实现 API 接口的完整定义，并基于 JAX-RS 规范实际编写了一个 REST 应用，包括 API 的外观层、数据访问层以及服务层的实现等，为我们提供了可应用于企业实际场景的标准应用示范，使得 RESTful API 不再是虚无的概念描述，而是可真正用于企业实践的架构风格实现。

书中很多内容都给译者留下了深刻印象，首先在构建 RESTful API 的基础 URL 时，我们需要从原有的“动词+名词”的设计向“名词+HTTP 动词”的观念转变，使得基础 URL 简单而又直观。其次在 API 组合的管理中，我们需要解决稳定高效的 API 服务提供与企业创新(和实验)之间的矛盾，因此我们需要通盘考虑 API 的一致性、可重用、版本和变更管理等。此外，企业级应用需要关注 JavaScript 跨域访问解决方案、OAuth 2 协议的安全性保证以及多种缓存机制等。

如果希望真正透彻掌握 RESTful API 的设计理念和实际应用，译者建议大家主动完成每章的程序练习，代码其实是最好的老师。每章最后一节都包含详细丰富的环境设置和代码，使得我们更容易理解和掌握 RESTful API 的精髓。

最后要感谢清华大学出版社能给我这次宝贵的翻译机会，把自己关于 RESTful API 的一些学习和理解在本书中与大家分享。尤其是要感谢本书的编辑，在本书的翻译过程中付出了很多的心血和努力，非常感谢他们的帮助和鼓励。另外感谢妻子以及我的家人，感谢你们一直以来对我的包容和理解；本书也献给我未来的孩子，希望你会喜欢老爸的这份礼物。

翻译英文书籍涉及多个概念的中文释义，我每次都力求与维基百科、搜狗百科、百度百科等保持一致。鉴于译者水平有限，错误或瑕疵在所难免，如果对书中有任何意见或建议，也欢迎大家批评指正，我将感激不尽！本书全部章节由郭理勇翻译并整理，参与翻译的还有杨小琼、贺珊珊、王永胜等。

希望这本书能有力推动业界对 RESTful API 的统一定义和应用，更好地构建统一、高效、可扩展的分布式系统应用。

作者简介

Sanjay Patni 是一位注重实际成果的技术专家，在创新技术方案与业务实际需求的协调上具有丰富的经验，长期致力于企业业务流程的优化和运营效率的提升。

在过去五年中，他一直在 Oracle 公司的 Fusion Apps 产品研发团队任职，在那里他发现了对 Fusion Apps 代码管理实现自动化的机会，其中不仅涉及 GA 版本的交付发行，还包括正在进行的演示、开发和测试代码。他提出并开发了自助服务 UX 用于代码请求和审核，减少了 80%的手工步骤。他还发起了 12 次代码快速迭代，通过使用工作流和 RESTful API 等自动化技术与其他子系统进行集成，使得大约 100 多个手工步骤实现了自动化。

在加盟 Oracle 前，他已经在软件行业工作了 15 年以上，为不同的行业提供关键技术解决方案。他的职责包括对基于 Web 的企业级产品和解决方案提供技术创新、需求理解和分析，技术架构设计，以及推进软件敏捷开发等。他率先创新使用 Java 来构建业务应用，不断推动和完善用于企业级业务应用构建的 Java API，并获得 Sun Microsystems 公司颁发的奖项。

Sanjay 曾担任 RESTful API 设计和集成培训或课程的客座讲师、技术导师。他拥有强大的计算机科学教育背景，硕士毕业于印度理工学院(IIT)。

技术审稿人简介

Massimo Nardone 拥有超过 22 年的安全、Web/移动开发、云计算和 IT 设施等领域的丰富经验，对网络安全和 Android 有着狂热的技术激情。

在过去 20 多年，他一直致力于编程开发和教学，包括 Android、Perl、PHP、Java、VB、Python、C/C++、MySQL 等，拥有意大利萨莱诺大学计算机科学专业的硕士学位。

他曾经担任项目经理、软件工程师、研究员、首席安全架构师以及信息安全经理等，同时作为 PCI(国际安全标准)/SCADA(数据采集与监视控制系统)审计员，还是 IT 安全/云/SCADA 高级架构师等。

他的技术栈包括安全、Android、Cloud、Java、MySQL、Drupal、Cobol、Perl、Web 和移动开发、MongoDB、D3、Joomla、Couchbase、C/C++、WebGL、Python、Pro Rails、Django CMS、Jekyll、Scratch 等。

他目前担任 Cargotec Oyj 公司的首席信息安全官，曾任赫尔辛基理工大学(Aalto University)网络实验室的访问讲师和主管，拥有四项国际专利(PKI、SIP、SAML 和 Proxy 领域)。

Massimo 已为不同的出版公司审阅了 40 多种 IT 类图书，同时是 *Pro Android Games* 的作者之一(Apress, 2015)

前　言

众所周知，数据库、网站以及业务应用之间都需要数据交换。这通过定义标准的数据格式、传输协议或 Web 服务来实现，常见的数据格式有 XML(Extensible Markup Language，可扩展标记语言)、JSON(JavaScript Object Notation，JavaScript 对象表示法)等，常见的传输协议或 Web 服务包括 SOAP(Simple Object Access Protocol，简单对象访问协议)，以及目前更受欢迎的 REST(Representational State Transfer，表述性状态传递)等。开发人员通常需要设计自身应用的 API 接口，使得应用能集成特定的业务逻辑并运行在操作系统或服务器上。本书涵盖以上数据交换概念和通用的数据格式，并重点阐述如何构建 REST 风格的 API。

对于 Web 系统的交换来说，你将学习 HTTP 协议，包括如何使用 XML。另外本书还比较了 SOAP 和 REST，介绍无状态转移的概念。同时介绍软件 API 设计和最佳实践等。本书后半部分将重点讨论遵循 JAX-RS 标准的 RESTful API 的设计和实现，以及通过 Java API 构建 RESTful Web 服务。你将学习如何使用 JSON 和 XML 构建和使用 JAX-RS 服务，并通过实际案例使用 RESTful API 将众多不同的数据源集成在一起(包括关系型数据库和 NoSQL 数据库等)。你将应用这些最佳实践完成一个小型软件系统 API 的设计与实现，并以 RESTful API 的方式公开可用的 API 服务。

本书适用于那些在实际项目中使用数据交换的软件开发人员，对那些希望了解数据交换方法以及如何与业务应用交互的数据专家同样有所帮助。书中的案例练习要求读者具有 Java 编程经验。

本书的主题包括：

- 数据交换和 Web 服务
- SOAP 与 REST，有状态与无状态
- XML 与 JSON
- API 设计简介：REST 和 JAX-RS
- API 设计实践
- 设计 RESTful API
- 构建 RESTful API
- 与 RDBMS(MySQL)进行交互
- 使用 RESTful API(比如 JSON、XML)
- API 安全性-OAuth
- API 缓存

源代码下载

读者可访问 www.apress.com/9781484226643 下载源代码，也可扫描本书封底的二维码直接下载。

目　　录

第 1 章

RESTful API 的基本原理

API 已经不是新兴事物了。近几十年间，API 一直作为接口使得应用之间可以相互通信。但 API 的作用在过去几年中发生了巨大变化。越来越多的创新型公司发现，通过为业务伙伴提供 API 接口可利用数字资产获利，此外，还可通过为合作伙伴提供更多功能来扩展价值主张，以及通过多种终端和设备来实现与客户的连接。创建 API 意味着：允许所在组织内或组织外的其他人，利用你的服务或产品来创建新应用、吸引客户或拓展业务。

其中内部 API 可通过在新应用中最大化重用性和增强一致性，来提升开发团队的生产效率。公共 API 可通过允许第三方开发人员增强你的服务或带来新客户从而使你的业务增值。一旦开发人员能利用你的服务和数据开发出新应用，就会形成一种网络效应，从而对底层业务产生显著影响。例如，Expedia 通过 API 向合作伙伴开放旅行预订服务来建立 Expedia 联盟网络，给公司带来了新的收入增长点，目前每年能产生 20 亿美元的收益。再如，Salesforce 通过发布 API 使得合作伙伴能够扩展其平台的功能，这些基于 SOAP(JAX-WS)以及最近的 RESTful(JAX-RS)的 API 收益已经贡献了公司年收入的半壁江山。

最初使用的 SOAP Web 服务依赖许多技术(如 UDDI、WSDL、SOAP、HTTP)和协议，用于在服务提供者和消费者之间传输和转换数据。可使用 JAX-WS 创建 SOAP Web 服务。

后来，Roy Fielding 于 2000 年发表了他的博士论文 *Architectural Styles and the Design of Network-based Software Architecture*。他创造了 REST 一词，一种分布式超媒体系统的架构风格。简而言之，REST(表述性状态传递，Representational State Transfer 的缩写)是一种有助于创建和组织分布式系统的架构风格。这个定义中的关键词应该是“风格”，因为 REST 很重要的一个方面(也是撰写本书的一个主要原因)，在于 REST 是一种架构风格，而不是一个准则、一个标准，也不是为最终形成 RESTful 架构而需要遵循的一系列硬性规则。

本章详细介绍 REST 基本原理、SOAP 与 REST 的比较以及 Web 架构风格。

总之，以 REST 风格组织的分布式系统将在以下几个方面得到改进：

- **性能**：REST 提出的通信方式是高效简单的，可在采用它的系统上实现性能提升；
- **组件交互的可扩展性**：任何分布式系统都应能很好地处理这方面的问题，而 REST 提出的简单交互极大地满足了这一点；
- **接口的简单性**：简单接口允许简化系统之间的交互，反过来又可提供上述优点；
- **组件的可变性**：系统的分布性质以及 REST 提出的关注点分离概念(稍后再次讨论)，可使组件以最低成本和风险彼此独立地进行修改；
- **可移植性**：REST 与技术和语言无关，这意味着可通过任何类型的技术来实现和使用它(存在一些限制，稍后将谈到，但不涉及具体技术)；
- **可靠性**：REST 提出的无状态(stateless)约束(见稍后的讨论)使得系统在发生故障后更容易恢复；
- **可见性**：重述一次，REST 提出的无状态(stateless)约束增加了所述请求的完整状态(稍后会谈到这些约束，到时大家就明白了)。

  从这个列表中可推断出 REST 的一些直接优点。以组件为中心的设计使得系统容错性非常好。单个组件的故障不影响系统的整体稳定性，这对于任何系统来说都是一个很大的优点。另外互连组件是非常容易的，它可最大限度地减少添加新功能或系统弹性伸缩时的风险。由于 REST 的可移植性(如前所述)，以 REST 为基础设计的系统将更受大众的欢迎，具有通用接口的系统可被更广泛的开发人员使用。为实现这些属性和优点，REST 添加了一组约束以帮助定义统一连接的接口。但如果需要在客户端和服务器之间执行严格的交互协议或者执行涉及多个调用的事务，不建议使用 REST。

1.1　SOAP 和 REST 的比较

表 1-1 针对 SOAP 和 REST 各自支持的使用场景进行了全方位比较。

表 1-1　SOAP 和 REST 的比较

主题	SOAP	REST
起源	SOAP(简单对象访问协议)是 1998 年由 Dave Winer 等人与微软合作时提出的 该协议由大型软件公司开发，旨在满足企业级市场服务需求	REST(表述性状态传递)是由加州大学尔湾分校的 Roy Fielding 于 2000 年提出的 这个概念诞生于学术环境，涵盖了开放式网络的理念
基本概念	使数据可用作服务(动词+名词)，例如 getUser 或 PayInvoice	使数据可用作资源(名词)，例如 user 或 invoice
优点	SOAP 遵循正式的企业规范； 可在任何通信协议上运行，甚至是异步方式； 关于对象的信息需要传递给客户； 安全性和授权也属于 SOAP 协议的一部分； 可使用 WSDL 语言进行完全描述	REST 遵循开放式网络理念； 容易实施和维护； 明确分离客户端和服务器的实现； 通信不由单个实体控制； 客户端可存储信息，以防多次调用； REST 可用多种格式返回数据(如 *JSON*、*XML* 等)
缺点	SOAP 花费大量带宽来传递元数据； SOAP 实现较困难，在 Web 和移动应用开发人员中并不受欢迎	REST 仅在 HTTP 协议之上运行； 很难仅在 REST 之上执行授权和安全性

(续表)

主题	SOAP	REST
适用场景	客户端需要访问服务器上可用的对象； 在客户端和服务器之间执行正式的协议	客户端和服务器在Web环境中运行； 关于对象的信息不需要传递到客户端
不适用的场景	如果广大开发人员希望能够轻松使用API，SOAP不太容易满足； SOAP 在带宽非常有限的场景中也不太适用	需要在客户端和服务器之间执行严格的协议时，REST不适用； 执行涉及多个调用的事务时，REST也不适用
使用实例	金融服务； 支付网关； 电信业务	社交媒体服务； 社交网络； 网络聊天服务； 移动服务
示例	https://www.salesforce.com/developer/docs/api/-Salesforce SOAP API https://developer.paypal.com/docs/classic/api/PayPalSOAPAPIArchitecture/Paypal SOAP API	https://dev.twitter.com/ https://developer.linkedin.com/apis
小结	如果正处理事务性操作，并且已经有对SOAP技术满意的受众群体，可使用SOAP	如果专注于大规模采用API或你的API针对移动应用，请使用REST

1.2 Web 架构风格

根据Fielding博士所述，可采用以下两种方式来定义系统：

- 第一种方式是从一个空白的白板开始。采用这种方式时，直到系统需求均被满足时，才能对正在构建的系统有初步了解或熟悉组件的使用；
- 第二种方式是从系统的全套需求开始。为各个组件添加约束，直至影响系统的各部分能彼此协调地进行交互。

REST采用第二种方式。为定义REST架构，最初会定义一个空状态，这个空状态是一个没有任何约束条件和组件区分的系统，之后会逐一对其添加约束条件。下面将介绍 Web 应用架构风格的约束条件。每个约束条件定义了应如何构建和设计 REST API 框架。当我们向最终用户交付 RESTful API 时，另一个需要单独考虑的方面是安全性。安全性也是该框架的一部分。

1.2.1　CS 模式

关注点分离是 Web 客户端-服务器模式(CS 模式)约束条件的核心主题。Web 是基于 CS 模式的系统，客户端和服务器在其中发挥着不同的作用。

只要客户端和服务器符合 Web 的统一接口，它们就可以使用任何语言或技术独立地实现和部署。

1.2.2　统一资源接口

Web 组件之间的交互依赖它们接口的一致性。Web 组件包括客户端、服务器和基于网络的中间件等。

Web 组件使用统一接口实现一致的交互操作，建立在 Fielding 博士定义的以下四个约束条件之上：

- **源标识的唯一性**：每个资源的资源标识可用来唯一地标明该资源；
- **资源的自描述性**：一个 REST 服务所返回的资源需要能够描述自身，并提供用于操作该资源的足够信息；
- **消息的自描述性**：每条消息都包含足够的信息来描述如何处理该消息；
- **超媒体驱动性(HATEOAS)**：一个典型的 REST 服务不需要额外的文档来标识通过哪些 URL 访问特定类型的资源，而是通过服务端返回的响应来标识到底能在该资源上执行什么操作。

1.2.3　分层系统

一般来说，基于网络的中间件会为了某些具体目的拦截客户端和服务器端之间的通信，通常用于安全性增强、缓存响应和负载平衡等。

分层系统的约束条件使得基于网络的中间件(如代理和网关)可通过使用 Web 的统一接口，透明地部署在客户端和服务器之间。

1.2.4 缓存机制

缓存机制是 Web 架构最重要的约束条件之一。缓存约束指 Web 服务器需要具备对每个响应数据的缓存能力。

缓存响应数据有助于减少客户端感知的延迟，提高应用的总体可用性和可靠性，以及控制 Web 服务器的负载。总之，缓存机制降低了 Web 的总体成本。

1.2.5 无状态

无状态约束条件规定 Web 服务器不需要记住其客户端应用的状态。因此，在每次与 Web 服务器进行交互时，客户端必须包含其认为与该次交互相关的所有上下文信息。

Web 服务器要求客户端去管理应用状态通信的复杂性，从而使得 Web 服务器能为更多客户端提供服务。这种权衡实际上是 Web 架构风格具有高可扩展性的一个关键因素。

1.2.6 按需编码

Web 大量使用按需编码。按需编码这一约束条件使得 Web 服务器可暂时将可执行程序(如脚本或插件)转移到客户端。

按需编码试图建立 Web 服务器和客户端之间的技术耦合，因为客户端必须能够理解并执行从服务器按需下载的代码。出于这个原因，按需编码是 Web 架构风格的唯一非必选的约束。

1.2.7 HATEOAS

REST 的最后一条原则是使用超媒体驱动性(Hypermedia As The Engine Of Applications State，HATEOAS)。当通过使用 HATEOAS 开发 CS 模式的解决方案时，服务器端的逻辑改变可独立于客户端。

超媒体是一种以文档为中心的方法，它支持在文档格式中嵌入其他服务和信息的链接。超媒体和超链接的用途之一是将不同来源的信息合成复杂的信息集。这些信息可来自公司私有云或不同来源的公有云。

例如：

```
<podcast id="111">
    <customer>http://customers.myintranet.com/customers/1
    </customers>
    <link>http://podcast.com/myfirstpodcast</link>
    <description> This is my first podcast </description>
</podcast>
```

每种 Web 架构风格都为 Web 系统增添了有益的特性。通过采用这些约束条件，开发团队可建立简单、可见、可用、可访问、可演化、灵活、可维护、可靠、可扩展和高性能的系统，如表 1-2 所示。

表 1-2　约束条件和系统特性

约束条件	系统特性
C/S 模式交互	简单、可演化、可扩展
无状态通信	简单、可见、可维护、可演化、可靠
缓存数据	可见、可扩展、高性能
统一接口	简单、可用、可见、可访问、可演化、可靠
分层系统	灵活、可扩展、可靠、高性能
按需编码	可演化

1.3　安全性

本章没有把安全性作为 REST 基本原理的一部分，但安全性对于交付 RESTful API 是非常重要的。本书将用完整一章来详细阐述 RESTful API 的安全性，包括如何使用 OAuth 协议确保 RESTful API 安全性的最佳实践的相关细节，OAuth 目前已成为 RESTful API 安全性的标准。

1.4 什么是 REST?

前一节简要介绍了 REST 与 REST API 的基本原理。本节将介绍有关 REST 概念的更多详细信息。

REST 是由 Roy Fielding 博士在博士论文中提出的，用于描述实现网络系统的设计模式。REST 的字面解释是表述性状态传递(REpresentational State Transfer)，是一种设计分布式系统的架构风格。它不是一个标准，而是一组约束条件。它不强行绑定于 HTTP，但通常都与 HTTP 相关联。

1.4.1 REST 基础知识

与 SOAP 和 XML-RPC 不同，REST 并不需要新的消息格式。我们知道 HTTP API 包括 CRUD(创建、检索、更新、删除)等。

- GET = “给我一些信息” (检索);
- POST = “这是一些更新信息” (更新);
- PUT = “这是一些新信息” (创建);
- DELETE = “删除一些信息” (删除);
- 还有更多……;
- PATCH = PATCH 方法可用于更新部分资源。例如，当只需要更新资源的一个字段时，PUT 完整的资源这种表述可能会很麻烦而且会占用更多带宽;
- HEAD = **HEAD** 方法与 GET 方法相同，不同之处在于服务器并不会在响应中返回消息体。HEAD 方法常用于测试超文本链接的有效性、可访问性和最近的修改情况;
- OPTIONS = OPTIONS 方法允许客户端确定与资源相关的选项或需求，或者服务器的容量，但这并不意味着资源操作或者初始化资源检索;
- “幂等性”概念——当向系统发送 GET、DELETE 或 PUT 方法时，不论该方法发送多少次，执行效果应该是一样的，但 POST 方法在集合中创建了实体，因此不是幂等的。

1.4.2　REST 基本原理

据 ProgrammableWeb.com 网站 2016 年的数据，大约有 8356 个 API 是用 REST 写的。REST 基于资源架构，资源可通过基于 HTTP 标准方法的通用接口访问。REST 要求开发人员显式使用 HTTP 方法，并以符合协议定义的方式使用。每个资源都有一个 URL 标识，且都应该支持 HTTP 的通用操作，同时 REST 允许该资源有不同的表现形式，例如文本、XML、JSON 等。REST 客户端可通过 HTTP 协议(内容协商)请求特定的表现形式。表 1-3 描述了 REST 中使用的数据元素。

表 1-3　REST 结构

数据元素	描述
资源	超文本引用的概念目标，例如 customer/order
资源标识符	统一资源定位符(URL)或统一资源名称(URN)标识特定的资源，例如 http://myrest.com/customer/3435
资源元数据	描述资源信息，如标签、作者、源链接、替代位置、别名
表现形式	资源内容——JSON 消息、HTML 文档、JPEG 图片
表现元数据	描述如何处理表现的信息，如媒介类型、最后修改时间
控制数据	描述如何优化响应处理的信息，例如 if-modified-since、cache-control-expiry

让我们看一些例子：

1. 资源

首先，GET 播客(podcast)列表的 REST 资源：

```
http://prorest/podcasts
```

其次，获取 podcast id= 1 的 REST 资源的详细信息：

```
http://prorest/podcasts/1
```

2. 表现形式

以下是通过 id 获取客户响应信息的 XML 表现形式：

```
<Customer
>    <id>123</id>
>    <name>John</name>
</Customer>
```

以下是通过 id 获取客户响应信息的 JSON 表现形式：

```
{"Customer":{"id":"123","name":"John"}}
```

3. 内容协商

HTTP 天然支持基于 HTTP 协议头来告知服务器你所期望的内容和所能处理的内容。基于此机制，服务器将以正确格式返回相应内容，见图 1-1。

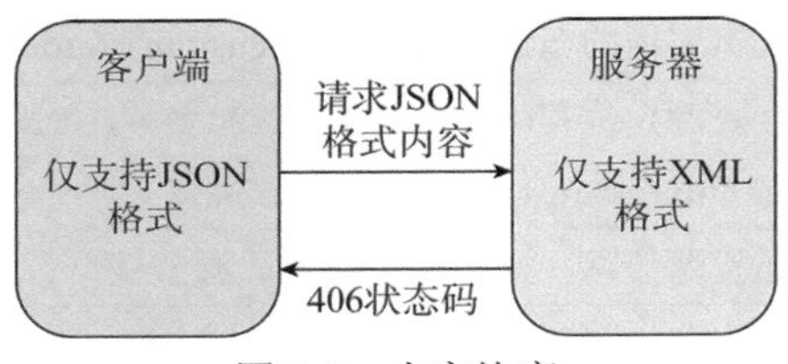

图 1-1　内容协商

如果服务器不支持请求的格式，那么根据相关规范，服务器将返回 406 状态码(不接受)以通知提出请求的客户端(即“请求的资源只能根据请求中包含的 Accept 头部生成内容，若不能满足，则返回表示不接受的状态码(406)”)。

1.5　小结

REST 指出了 Web 普及和可扩展的关键架构原则。Web 推广和教育的下一步工作是将这些原则应用到语义 Web 和 Web 服务领域中。REST 提供了一种简单、可互操作、灵活的方式来编写 Web 服务，这种方式与 WS - *等众多曾使用的方式迥异。下一章将更详细地介绍这些概念。

第 2 章

API 设计和建模

本章从 API 设计策略入手，探讨 API 的创建流程和建模、REST API 设计的最佳实践以及 API 解决方案架构。在本章提供的练习中，我们会为播客(podcast)订阅设计一个简单的 API，然后使用 RAML(RESTful API 建模语言)完成 API 的建模。

2.1 API 设计策略

API 之于 APX(Application Programming Experience，应用编程体验)，就像 UI(用户界面)之于 UX(User Experience，用户体验)一样。在 APX 中，需要重点回答以下问题：

- 应该公开什么？
- 公开数据的最佳方式是什么？
- 如何调整和改进 API？

首先，讨论一下为什么需要开发一个良好的 APX？

优秀的 API 将鼓励开发人员主动使用它并积极与他人分享，从而形成一个良性循环。在这个良性循环中，每个附加的成功案例都会促进开发人员更多地参与和做出贡献，从而为你的服务增值。但坦白而言，设计这样的 API 很难。

此外，优秀的 API 将有助于发展员工、客户和合作伙伴的生态系统，他们非常乐意使用并帮助你的 API 进行演化升级，实现双方互惠互利的效果。

总之，API 设计有以下四种策略：

- **螺栓策略**：若你有一个现成的应用，并在此基础之上添加一个 API 层，这将充分利用现有代码和系统(如图 2-1 所示)。

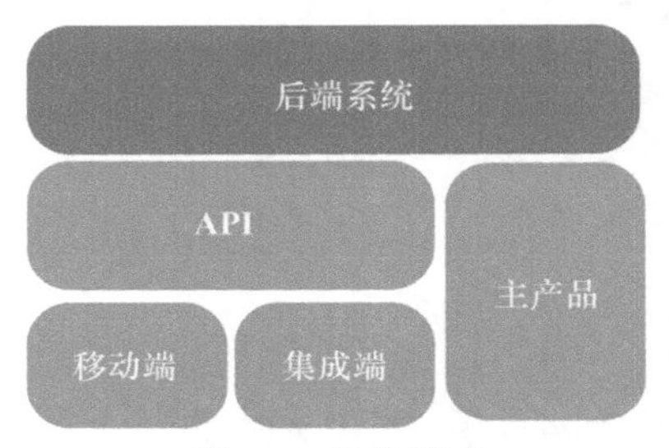

图 2-1　螺栓策略

- **绿地策略**：这是另一个极端。这是“API 优先”或“移动优先”设计背后的策略，也是开发 API 的最简单方案。既然是从零开始，你就可以使用以往可能没有用过的技术和概念(如图 2-2 所示)。

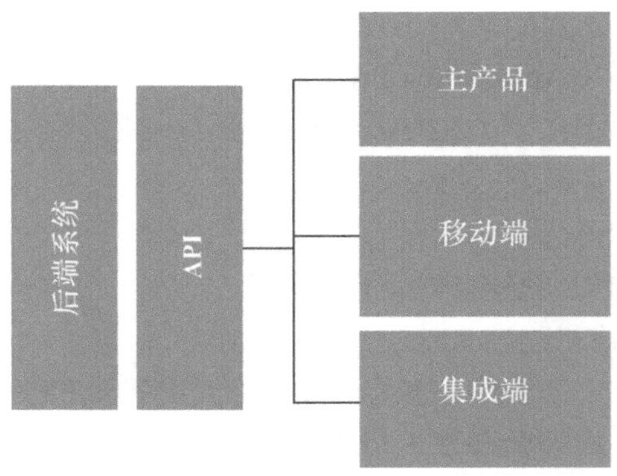

图 2-2　绿地策略

绿地策略(或者说 API 优先策略)实际上是一个基于模拟的设计实现。后端系统的模拟是指在不需要完全实现后端系统的情况下开发后端系统。通过对 API 的模拟，消费者可在没有完全开发完 API 的情况下开始开发应用。

- **敏捷设计策略**：敏捷性基于这样一个前提——可在没有一整套规范的情况下开始工作。当了解到更多信息后，可随时调整和更改规范。通过多次迭代，架构设计可收敛到正确的解决方案。敏捷策略只在 API 发布之前才有用武之地。
- **外观策略**：这是介于绿地策略和螺栓策略之间的一种策略。这种情况下，你可继续利用现有的业务系统，并将这些系统打造成你喜欢和需要的功能或 API。外观策略可使得在保证原有系统运转良好的情况下进一步优化底层基础架构。

2.2　API 创建流程和方法论

本节将介绍 API 创建流程和方法论。为提供优秀的 API，设计必须是首要的关注点。UX(用户体验)的优化已成为 UI 开发中的主要关注点，与此类似，APX(API 用户体验)的优化应该也是 API 开发中的主要关注点。

2.2.1　流程

首先需要确定创建 API 的商业价值。当考虑商业价值时，可以想想“为什么需要 API”的“电梯法则”(也被称为“电梯游说”)。仅有开发人员的参与并不是一个终极目标。你需要一个更切合实际的目标：比如提高用户参与度、将活跃度从主产品转移到 API、吸引和保留合作伙伴等。

首先需要选择度量标准，例如：

- 正在使用 API 的关键开发人员的数量
- 已开发的应用数量
- 通过 API 交互的用户数量
- 合作伙伴集成应用的数量

- API 如何提高整个公司的目标，而不是简单地确定有多少人已经开始集成

2.2.2 API 方法论

敏捷设计策略包括如下 5 个阶段：

- 域分析或 API 描述
- 架构设计
- 原型设计
- 生产环境 API 构建
- API 发布

2.2.3 域分析或 API 描述

首先定义域分析(API 描述)的用例。谁是参与者？他们是外部的还是内部的？消费者想要用 API 构建哪些 API 解决方案？用 API 还可能构建其他哪些 API 解决方案？

活动参与者从消费者的观点考虑：消费者想使用的 API 是什么样的？消费者想构建哪些应用？消费者想在他的应用中使用哪些数据或域对象？

下面将这些活动分解为步骤或编写使用场景。

- 依赖性资源不可能在没有其他资源的情况下存在。例如，除非播客和客户均被创建，否则无法确定播客与客户的关联。
- 独立性资源可在没有其他资源的情况下存在。例如，播客资源可在没有任何依赖关系的情况下存在。
- 关联性资源独立存在但仍具有某种关系，也就是说，关联性资源可通过引用来连接。

下一步确定资源状态之间可能的转换。状态之间的转换需要 HTTP 提供的方法来支持，如表 2-1 所示。以添加到播放列表中的播客为例，我们来分析其不同的状态。

表 2-1　域分析示例

状态	操作	域对象	描述
CREATE	POST	PODCASTS	创建播客
CREATE	POST	PLAYLISTS	创建空的播放列表
READ	GET/{podcast_id}	PODCAST	读取播客
UPDATE	PUT/{playlist_id}	PLAYLIST	将播客添加到播放列表中

后面将通过构建一个简单的演示应用来对其进行验证。这个演示应用不仅提供 CURL 调用，还展示 API。这个演示应用在以后的阶段还会被重复用到。

2.2.4　架构设计

在这个阶段，我们将更深层次地重新定义 API 描述或分析阶段。架构设计应该考虑以下几个方面：

- 协议(protocol)
- 终端(end point)路径
- URI 设计(URI design，包含终端路径)
- 安全性(security)
- 性能(performance)或可用性(availability)

详细的设计说明包括：

- 资源(resource)定义
- 表现(representation)形式
- 内容类型(content type)
- 参数
- HTTP 方法
- HTTP 状态码
- 一致性命名

另外，考虑到通用 API 在 API 组合(API Portfolio)中的重用性，设计决策时应与 API 组合中的 API 设计保持一致。这里 API 组合指一组企业级 API 的集合，第 5 章将重点讨论 API 组合。

作为设计验证的一部分，这个演示应用将根据设计决策得到进一步扩展，验证的问题包括：

- API 仍然是易用的
- API 是简单的且支持用例
- API 遵循一定的架构风格

2.2.5 原型设计

原型设计(prototyping)是实现生产环境的准备工作，主要是考虑复杂的用例并实现端到端的高仿真模拟。原型并不完备，多是快速实现。如果在原型构建期间后端功能尚不真正可用，原型设计可提供模拟 API 的方式快速对接。一旦原型构建完成，我们就引入试点客户进行验收测试来验证 API 的正确性。试点客户主要来自 API 提供者团队的内部客户。

2.2.6 实现

API 的实现需要与 API 的描述保持一致且需要尽快交付。此外，API 需要完全集成到后端系统和 API 组合中，不仅需要实现所有功能性需求，而且需要满足一些非功能性需求，如性能、安全性、可用性等。在该阶段，API 的描述经过几轮迭代应该已经趋于稳定，我们可手动筛选确认一些外部 API 使用者来进行测试。

2.2.7 发布

API 的发布并不需要大量工作，但对于 API 来说这是一个重要的里程碑。从组织的角度看，API 的职责已从开发转移到实际操作单元。一旦 API 发布，对于开发流程而言就没有了灵活性。之后的任何变更都需要传统的变更管理流程。作为验证的一部分，我们需要分析 API 的成功和失败调用，以及维护团队提供的文档与实际 API 的差异。

2.2.8 API 建模

对 API 进行模式建模意味着创建一份可与其他团队、客户或管理人员共享的设计文档。其中模式模型(schema model)是你所在组织与将使用的客户端之间的协议，本质上来说是描述 API 是什么、API 如何工作以及终端路径如何构成的协议。我们可把模式模型看成 API 的地图。模式模型为每个终端路径提供了用户可读的描述，同时可用来在编写任何代码之前讨论 API。图 2-3 展示了 API 建模框架，其中定义了 API 的规范并生成了 API 文档，此外还可生成服务器和客户端的源码。

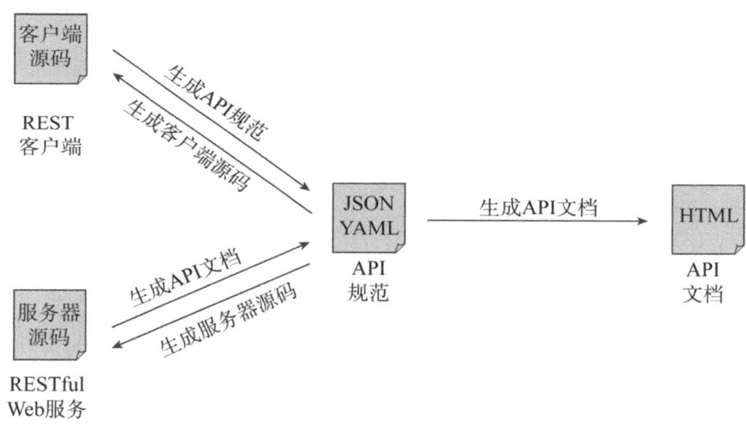

图 2-3 API 建模框架

在开始开发之前，创建这个模型将有助于确保所创建的 API 满足你所定义好的用例需求。以下是三种模式建模系统和它们使用的标记语言：

- **RAML**：支持 markdown 语法，比较新。拥有良好的在线建模工具：RESTful API 建模语言。
- **Swagger**：JSON 格式，拥有大型社区的支持。
- **Blueprint**：支持 markdown 语法，使用率较低。

在这一章的练习中我们将使用 RAML 对播客资源进行建模。

每个模式建模语言都有用于自动测试的工具，或基于所创建的模式模型自动生成代码。即使没有这些功能，模式模型也可帮助你在编写第一行代码之前深刻理解 API。图 2-4 所示的是 API 建模工具。

图 2-4　API 建模工具

2.2.9　API 建模的比较

表 2-2 比较了 API 建模工具。

表 2-2　API 建模工具的比较

类别	属性	RAML	API Blueprint	Swagger
名称含义	格式	YAML	markdown (MOSN)	JSON
	托管	Github	Github	Github
	赞助商	Mulesoft	Apiary	Reverb
	当前版本	1.0	1A3	2.0
	首次提交时间	2013 年 9 月	2013 年 4 月	2011 年 7 月
	是否含商业广告	是	是	是
如何进行 REST 建模	资源定义	X	X	X("api")
	方法/操作	X("methods")	X("actions")	X("operations")
	查询参数	X	X	X
	路径/URL 参数	X	X	X
	表现形式	X	X	X
	头部参数	X	X	X
	文档	X	X	X
	参考网址	http://raml.org	https://apiblueprint.org	http://swagger.io
	设计方式	API 优先	设计优先	现有 API
	代码生成	X		X
使用者				APIGEE、微软、Paypal

总结如下：

- Swagger 拥有一门非常强大的建模语言，能准确地定义系统的期望，这一点对于自动化测试和生成一组 API 的代码存根(stub)是非常有用的。
- RAML 旨在支持以设计优先的开发流程，并且注重 API 的一致性。
- API Blueprint 则更注重文档，它优先考虑用户可读的模型和文档。

表中的每个工具都拥有不同的优势和劣势，最终取决于需要什么优势以及无法承受的劣势。总之，RAML 在这些不同类别中表现最好，虽然开发社区没有其他社区大，但我看好它未来的持续发展趋势。

所以最终胜出者是：RAML。

2.3　最佳实践

REST 是一种架构风格而不是一个严格的标准，它十分灵活。而正是由于这种架构的灵活性和自由度，人们对其设计的最佳实践也产生了很大兴趣。本节将讨论这些最佳实践。

2.3.1　保持基础 URL 简明直观

基础 URL 是 API 中最能体现功能可见性的设计点，简明直观的 URL 设计将使 API 更加易用。功能可见性指的是接口交互双方不需要文档就可以理解使用这一设计特性。比如门把手的设计，无论是拉还是推，门把手的设计都可以传达出来。对于 Web API 设计而言，每个资源都应该只有两个基础 URL。下面围绕一个简单的对象或资源客户建模一个 API，并为它创建一个 Web API。第一个 URL 用于集合，第二个 URL 用于集合中的某个特定元素：

- URL1：/customers —— customer 集合
- URL2：/customers/1 —— customer 集合中的特定元素

要达到这个程度，还有一个要求，就是将动词从基本 URL 中移除，如表 2-3 所示。

表 2-3　名词和动词

资源	POST 创建	GET 读取	PUT 更新	DELETE 删除
/customers	新客户	客户列表	批量更新	删除所有
/customers/12	--	展示客户 12	客户存在就更新，客户不存在就报错	删除客户 12

总结如下：

- 每个资源都使用这两个基础 URL，并将动词从基础 URL 中移除，转而使用 HTTP 动词对资源集合和元素进行操作。
- 名词的抽象程度取决于场景，同时你需要考虑只公开一定数量的可管理资源。
    - 以具体命名为目标，并将资源数量保持在 12～24 之间。
- 直观的 API 应使用复数而不是单数名词，使用具体而不是抽象名词。
- 资源和资源之间始终存在关联，那么在 Web API 中如何使用一种简单方式来表达这种关联呢？让我们再回顾 API 建模中的最佳实践，“使用名词而不是使用动词”。以与播客资源交互的 API 来说，记住我们有两个基础 URL：/podcasts 和/podcasts/1234。我们可使用 HTTP 动词对资源和集合进行操作。播客是属于某个客户的，要获得属于某个特定客户的所有播客，或为该客户创建一个新播客，可使用 GET 或 POST：
    - GET /customers/5678/podcasts
    - POST /customers/5678/podcasts
- 复杂的情况需要借助于“?”：开发人员可很简单地通过在基础 URL 的问号后面携带可选的状态和属性。比如我们需要获得美国(usa)加利福尼亚州(ca)旧金山市(sfo)的所有客户：
    - GET /customers?country=usa&state=ca&city=sfo

2.3.2　错误处理

许多软件开发人员，包括我在内，并不总是喜欢考虑异常和错误处理。但对于任何软件开发人员(尤其是 API 设计者)来说，这是一个非常重要的难题。然而优秀的异常和错误处理设计对 API 设计者来说尤其重要。从使用 Web API 的开发人员的角度看，接口另一端的所有内容都是一个黑盒。因此，异常和错误成为使用 API 时提供上下文和可见性的关键工具。首先，开发人员应学习如何通过错误和异常来编写代码。极限编程模型中的“测试优先”概念以及最新的“测试驱动开发”模型代表了一系列演化的最佳实践，因为这是开发人员工作的一种重要而自然的方式。其次，除了开发应用之外，开发人员会在关键时刻依赖于精心设计的异常和错误，尤其当用户使用基于 API 构建的应用，而开发人员对该应用进行故障排除的时候。

关于错误处理：让我们看看三类 API 厂商的做法：

- Facebook

HTTP 状态码：200

```
{"type" : "OauthException", "message":"(#803) Some of
the aliases you requested do not exist: foo.bar"}
```

- Twilio

HTTP 状态码：401

```
{"status" : "401", "message":"Authenticate","code":
20003, "more info": "http://www.twilio.com/docs/ errors/20003"}
```

- SimpleGeo 错误信息示例

HTTP 状态码：401

```
{"code" : 401, "message": "Authentication Required"}
```

当你透彻理解这些做法后，会发现在应用和 API 之间的交互实际上只有 3 种结果：

- 一切运行正常-成功。
- 应用端出现问题-客户端处理异常或错误。
- API 端出现问题-服务器异常或错误。

错误码

使用以下三种错误码就可映射到上面三种交互结果。如果你需要更多，可继续增加，但大部分情况其实你并不需要：

- 200 - OK
- 400 - 错误请求或请求无效(Bad Request)
- 500 - 服务器内部错误(Internal Server Error)

如果你觉得以上三种错误码无法映射你所有的错误情况，可尝试在以下 5 种错误码中选择：

- 201 - 正常，已创建(Created)
- 304 - 未修改(Not Modified)
- 404 - 未找到(Not Found)
- 401 - 未授权(Unauthorized)
- 403 - 禁止访问(Forbidden)

还可访问这个维基百科词条查看所有 HTTP 状态码：https://en.wikipedia.org/wiki/List_of_HTTP_status_codes。

2.3.3 版本控制

关于版本控制最重要的一点，禁止在发布 API 时不指定版本号

- API 版本必须是强制性的。
- 通过一个 V 的前缀来指定版本号，并将其置于 URL 的最左边，使它具有最高的作用域(比如，/v1/dogs)。
- 版本号使用一个简单的有序数，而不要使用点号(如 V1.2)。因为它意味着一种无法兼容原有 API 版本的版本粒度——它是一个接口而不是实现。坚持使用 V1、V2 等。
- 我们应该维护多少个版本？建议至少保持一个旧版本。
- 一个版本应被维护多久？在废弃一个版本前给开发人员留有的反应时间至少是一个周期。
- 有一种强烈的学院派思想就是将格式(XML 或 JSON)和版本信息放在头部。其实遵循一些简单规则就可以：如果你编写的代

码处理响应的逻辑有变化，建议直接放到 URL 中，这样就能很容易看到。如果它不涉及响应逻辑的改变(比如 OAuth 响应信息)，建议直接放到头部。

2.3.4　局部响应

局部响应指 API 向开发人员提供他们需要的信息而不是所有信息。比如在 Twitter API 上请求一条推送(tweet)。你将会得到很多信息，包括这个人的名字、推送的文本、时间戳、消息的转发频率以及大量元数据，这比一个典型的 Twitter 应用需要的信息还多。下面来看几个业界领先的 API 提供商如何为开发人员提供所需的响应，例如首创了局部响应的思想的 Google：

- LinkedIn

```
/people:(id,first-name,last-name,industry)
这次请求返回了这个人的 ID、姓名以及行业。
```

- Facebook

```
/joe.smith/friends?fields=id,name,picture
```

- Google

```
?fields=title,media
```

Google 和 Facebook 的做法类似，且效果很好。他们都有一个可选的参数称为 fields，你可在这个参数后加上你想要返回的字段的名称。正如你从本例中看到的，还可将子对象放在响应中，用来从额外资源中提取其他信息。

2.3.5　分页

让开发人员在数据库中实现分页是很简单的。让我们来看 Facebook、Twitter 以及 LinkedIn 是如何处理 API 分页的。Facebook 提供了偏移(offset)和限制(limit)两种参数，Twitter 则使用页数(page)和每页记录数(rpp)，LinkedIn 在语义上使用开始(start)和计数(count)。Facebook 和 LinkedIn 的做法从本质上讲其实是一样的。

要从每个系统获取 50 到 75 的记录，你将使用：

- Facebook - offset 50 and limit 2
- Twitter - page 3 and rpp 25 (records per page)
- LinkedIn - start 50 and count 25

2.3.6 多格式

我们建议你支持多种格式，即便按一种格式响应，也需要能接收多种格式。通常可自动将一种格式转换为另一种格式。下面是几个关键 API 的语法。

- Google Data: ?alt=json
- Foursquare: /venue.json
- Digg*: Accept: application/json

2.3.7 API Façade

当你希望为一个复杂的子系统提供简单的接口时，使用外观(Façade)模式可解决这个问题。通常来说，随着子系统的演化，子系统会变得越来越复杂。

实现一个 API 外观模式包括三个基本步骤：

(1) 设计理想的 API 接口——包括 URL、请求参数、响应、头部和查询请求等。API 的设计应该是前后一致的，你需要给开发人员提供他们所需的信息。

(2) 实现数据存根(stub)的设计。这允许应用开发人员在 API 连接到内部系统之前可使用 API 并给予反馈。

(3) 在 API 外观和内部系统之间进行调解或集成。

2.4 API 解决方案架构

有一些开发人员和架构师经常把 API 看成是企业内部长期使用的系统集成方案的延续，但这是一个狭隘的观点。

为正确理解 API 的需求，下面讨论目前采用的典型 API 解决方案。

图 2-5 显示了 API 解决方案架构。API 解决方案通常由两部分组成：

● 公开 API

公开 API 驻留在服务器上，例如，在云端或者已有设施。

● 消费 API

消费 API 则会存在于 Web 或移动应用，以及物联网的嵌入式设备等。

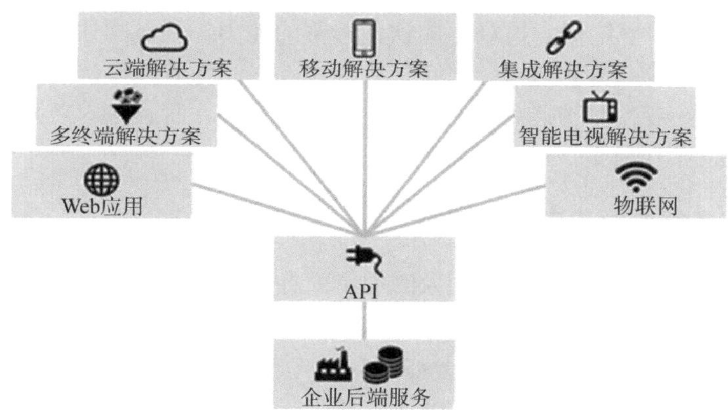

图 2-5　API 解决方案架构

2.4.1　移动解决方案

移动应用需要连接到 Internet 上的服务器，以便充分发挥服务器端的潜力——云端服务器往往都承担了一些业务逻辑和繁重的处理逻辑。这些服务器托管的功能可通过 API 调用来实现。在移动设备上捕获的数据通过 API 调用发送到服务器，然后经由服务传递给数据库。另外通过 API 传递的数据必须是轻量级的。这样可确保 API 能够被处理能力有限的设备所消费。通常，会有专门的移动应用提供商为移动类应用提供 API。

2.4.2　云端解决方案

SaaS 云端解决方案通常由 Web 应用和 API 组成。Web 应用对于消费者来说是可见的。除提供可视化界面外，云端解决方案通常也提供 API，如 Dropbox、Salesforce、Workday、Oracle 云等。

2.4.3 Web 端解决方案

Web 应用主要根据用户的请求来显示动态的 Web 页面；Web 页面是在后端提供的数据上动态创建的。Web 应用从 API 中提取原始数据，处理数据(JSON、XML)，并以 HTML 形式显示，例如，播客或客户 API。

2.4.4 集成解决方案

API 提供了连接、扩展集成软件所需的能力。通过集成软件 API，企业可与其他业务相连。企业的业务可通过将业务与合作伙伴联系起来使得自身业务得以扩展。集成不仅在外部有意义，而且在内部系统的集成方面同样有意义。

2.4.5 多终端解决方案

以电子商务系统为例，今天的电子商务系统实际上已经能够为客户提供多个平台终端的购物体验-移动、Web、平板电脑等。当消费者从一个平台终端转移到另一个平台终端时，电子商务系统必须提供无缝体验。这可通过提供一个通用 API 来实现，该 API 可支持用户体验的多终端状态维护。

2.4.6 智能电视解决方案

智能电视不仅可提供电视频道，还可提供交互能力。而这些都是通过 API 调用服务器来实现的。

2.4.7 物联网

物联网由一系列与 Internet 连接的物理设备组成。这些物理设备会通过 API 连接那些在 Internet 上公开的智能功能(例如传感器、扫描仪等)。

2.5 API 解决方案中的利益相关者

在一个完整的 API 解决方案中，利益相关者包括 API 提供者、API

消费者以及最终用户。本节将重点讨论这三个角色。

2.5.1　API 提供者

API 提供者负责开发、设计、部署和管理 API。API 提供者定义了 API 组合、路线图以及产品模式。另外 API 的提供者还有一个职责就是决定哪些功能通过 API 公开给 API 消费者。在解决方案驱动的方法中，API 提供者往往只构建消费者所需的 API。从自顶向下的方法中，API 提供者则从内部的角度(如可重用性角度)考虑提供 API。

2.5.2　API 消费者

API 消费者需要知道如何调用 API 构建一个 API 客户端。API 提供者应该提供一个演示应用以便 API 消费者学习如何使用他们的 API。

2.5.3　最终用户

最终用户并不直接调用 API，而通过使用 API 消费者开发的应用来调用 API。

API 设计

播客

以实现 podcast(播客)API 为例，下面是一些你想要支持的用例：

- 创建一个新 podcast
- 获取 podcast 列表，包括能够匹配特定的 podcast 标题
- 创建一个新 customer
- Customer 订阅一个 podcast(即关联)

总之，涉及资源及其方法如下：

设计细节描述：

- 资源：podcast
  - 创建一个 podcast
    - 协议：HTTP

- 终端路径：protocol:host:port/podcasts
- URI 设计：protocol:host:port/podcasts

- 查询 podcast
  - 协议：HTTP
  - 终端路径：protocol:host:port/podcasts
  - URI 设计：protocol:host:port/podcasts? title=<title>
- 表现形式
  - JSON

```
{ "podcasts":
 [{ "id": 1,
               "title": "itunes podcast",
               "feed": "http://www.itunes.com/",
               ..
               ..
            },
            {
            }
         ]
      }
```

- 内容类型：application/json
- 查询参数：title
- HTTP 方法： GET、POST
- HTTP 状态码：200、400、500
- 资源：客户
  - 创建客户
    - 协议：HTTP
    - 终端路径：protocol:host:port/customers
    - URI 设计：protocol:host:port/customers
  - Customer 订阅 podcast
    - 协议：HTTP
    - 终端路径：protocol:host:port/customers
    - URI 设计：protocol:host:port/customers/{id}/podcasts/

```
{id}
```

- 表现形式
  - JSON

```
{
  "customers":
  [{ "id": 1,
            "name": "apple",
            "url": http: //www.apple.com/"podcasts": {
            "podcasts":
           [{"id": 1,
            "title": "itunes podcast",
            "feed": "http://www.itunes.com/"
            ..
            ..
           }]
         }
      },
  ]
}
```

- 内容类型：application/json
- 请求参数：name
- HTTP 方法：GET、POST
- HTTP 状态码：200、400、500

API 建模

RAML

在使用 RAML API Designer 之前，需要先创建一个免费的 Anypoint 账号，才能使用 Mulesoft 公司提供的 RAML 特定建模工具：

(1) 登录到 Anypoint 系统：

```
https://anypoint.mulesoft.com/apiplatform
```

(2) 从 API 管理板中，选择添加新 API：

```
https://anypoint.mulesoft.com/accounts/#/signin
```

使用 RAML 工具建模步骤

本教程将指导你使用 RAML 工具完成 API 建模，最后返回模拟的响应。

首先 Anypoint RAML 编辑器有一个底部的工具栏，用于向模型添加部分功能。这个工具栏是上下联动的；它根据你在模型中的当前位置仅提供适当的部分功能。

步骤 1：**输入根目录**。你在规范根部(或顶部)输入的任何内容都将应用于 API 的其余部分。稍后你将发现，这对于构建 API 模式来说是非常方便的。你选择的 baseURI 将用于每一次调用，所以请确认它是干净和简洁的。

```
#%RAML 0.8
title: Podcast
version: v1
baseUri: http://api.podcast:8080/
```

步骤 2：**输入资源**——回顾你的 API 消费者将如何使用你的 API 的资源，按照以前练习中的 API 设计，在根目录下输入以下三个资源：

```
#%RAML 0.8
title: Podcast
version: v1
baseUri: http://api.podcast:8080/
/podcasts:
  /customers:
             /podcasts:
```

步骤 3：**输入用于操作资源的方法**。可向每个资源添加尽可能多的方法。

```
#%RAML 0.8
title: Podcast
version: v1
baseUri: http://api.podcast:8080/
```

```
/podcasts:
  post:
  get:
/customers:
    post:
          get:
                /podcasts
                put:
```

步骤 4: **输入 URI 参数**。我们定义的资源是较小的相关对象的集合。下面是一个 URI 参数，由 RAML 中的大括号表示。

```
#%RAML 0.8
title: Podcast
version: v1
baseUri: http://api.podcast:8080/
/podcasts:
  post:
  get:
/customers:
    post:
              get:{id}
                  /podcasts:{id}
                  put:
```

步骤 5：**输入查询参数**。首先在 GET 方法之下添加播客的查询参数。查询参数可以是某些具体特征，如播客的标题。

```
#%RAML 0.8
title: Podcast
version: v1
baseUri: http://api.podcast:8080/
/podcasts:
  post:
  get:
    queryParameters:
      title
/customers:
  post:
          get:{id}:
```

```
                    /podcasts:{id}:
                    put:
```

步骤 6：**输入响应**。响应必须是一个或多个 HTTP 状态代码的映射，每个响应可以包括描述和示例。

```
#%RAML 0.8title: Podcast
version: v1
baseUri: http://api.podcast:8080/
/podcasts:
  post:
  get:
    queryParameters:
      title:
              responses:
                      200:
                            body:
                                  application/json:
              { "podcasts" :
                      [{"id" : 1,
                        "title" : "itunes podcast",
                        "feed" : "http://www.itunes.com/",
                        ..
                        ..
                    },
                    {
                    }
              ]
             }
    /customers:
      post:
              get:{id}:
                    /podcasts:{id}:
                    put:
```

完成上述 API 建模后，就可以生成一个可以与 API 消费者共享的文档。

2.6 小结

在本章中，我们从 API 设计策略开始，然后研究了 API 创建流程和建模的过程。本章讨论了 REST API 设计的最佳实践以及 API 解决方案架构。最后比较了各类 API 建模工具，为播客订阅设计了一个 API，并使用 RAML 完成了 API 的建模。

第 3 章

XML 与 JSON 介绍

本章将介绍有关 XML 和 JSON 的基本概念。本章末尾有一个环境设置的练习。

3.1 XML 简介

XML(可扩展标记语言)是一种基于文本的标记语言，是 Web 上的数据交换标准。与 HTML 一样，你可以用标签(tag)来标识数据(标识符括在尖括号中，如下所示：<...>)。总之，这些标签被称为“标记(markup)”。它把标签贴在一条数据上用于标识(例如：<message> ... </ message>)。以同样的方式定义数据结构的字段名，你可在一个给定的应用中自由使用任何有意义的 XML 标记。当然，如果多个应用使用相同的 XML 数据，它们必须在打算使用的 XML 标记名称上达成一致。以下是可能用于消息传递应用的一些 XML 数据的示例：

```
<message>
  <to>you@yourAddress.com</to>
  <from>me@myAddress.com</from>
  <subject>XML Is Really Cool></subject>
  <text>
    How many ways is XML cool? Let me count the ways...
  </text>
</message>
```

此外标签还可在标签的尖括号中包含属性(即标签本身的附加信息部分)。如果你认为有关信息是 XML 中表达或传达的重要内容的一部分，请将其放入元素(element)中。对于人类可读的文档来说，这通常意味着传达给读者的核心内容。而对于面向机器的记录格式来说，这通常意味着直接来自问题域的数据。如果你认为该信息相对于主要的内容传达是次要或附属的信息，或者说该信息纯粹旨在帮助应用处理主要内容传达，就使用属性(attribute)。以下示例显示了一个电子邮件消息结构，它为 to、from 和 subject 字段使用了属性：

```
<message to=you@yourAddress.com from=me@myAddress.com
    subject="XML Is Really Cool">
  <text>
    How many ways is XML cool? Let me count the ways...
   </text>
 </message>
```

XML 和 HTML 之间存在很大区别。XML 文档总是被限制为格式良好(well-formed)的。决定文档是否格式良好有很多规则，但最重要的规则就是每个标签都有一个结束标签。因此，在 XML 中，</to>标签不是可选的。<to>元素不会被</to>以外的任何标签终止。

注意

格式良好的文档的另一个重要方面是所有标签都是完全嵌套的。所以你可见到 <message>..<to>..</to>..</message>，但永远不会有<message>..<to>..</message>..</to>。

XML 模式(schema)是表示 XML 文档约束的语言。目前广泛使用的模式(schema)语言有很多，但主要使用的是文档类型定义(DTD)。DTD 定义了 XML 文档的合法构建模块，以及具有一系列合法元素和属性的文档结构。

3.1.1 XML 注释

XML 看起来就像 HTML 注释：

```
<message to=you@yourAddress.com from=me@myAddress.com
   subject="XML Is Really Cool">
 <!-- This is comment -->
 <text>
    How many ways is XML cool? Let me count the ways...
 </text>
 </message>
```

我们注意到，XML 文件始终以序言(prolog)开头。而最简单的一个序言(prolog)是只包含一个 XML 声明(declaration)，用来将该文档标识为 XML 文档，如下所示是最简单的形式：

```
<?xml version="1.0"?>
```

声明还可能包含其他信息，如：

```
<?xml version="1.0" encoding="ISO-8859-1" standalone="yes"?>
```

- **版本号(version)属性**：标识数据中使用的 XML 标记语言的版本。此属性不可选。
- **编码方式(encoding)属性**：标识用于编码数据的字符集。"ISO-8859-1"，通常称为"Latin-1"，即西欧和英文字符集(默认编码方式为 UTF-8) 。
- **是否独立(standalone)**：告知本文档是否引用外部实体或外部数据类型规范。如果没有外部引用，那么该属性填 yes。

3.1.2　XML 的重要性

XML 非常重要，因为它允许灵活的开发用户定义的文档类型，也就是说，XML 提供了一种持久、健壮、非专有和可验证的文件格式，该文件格式可用于 Web 线上或线下的数据存储和传输。另外 XML 还可以：

- **提供纯文本**：纯文本使其具有较好的可读性；
- **提供数据识别**：通过使用标签，可识别数据；
- **提供可样式化**：XSLT(可扩展样式表)的使用，使得可以可视化展现数据；
- **易于处理(XML 解析器，以及格式良好的解析器)**；

- **表示层级结构(通过嵌套的标签)**。

3.1.3 如何使用 XML

有几种使用 XML 的基本方法：

- **文档驱动编程**：其中 XML 文档是从现有组件构建接口和应用的容器；
- **归档**：是文档驱动编程的基础，组件的定制版本可以保存(归档)起来，以便后续使用；
- **绑定**：其中定义了 XML 数据结构的 DTD 或模式，将用于自动生成最终处理该数据的应用的重要部分。

3.1.4 XML 的优缺点

下面列出 XML 的一些优缺点：

- 优点
  - 开发人员可阅读和编辑
  - 可通过 schema 和 DTD 进行错误检查
  - 可表示复杂的数据层次结构
  - Unicode 为国际化业务提供了灵活性
  - 拥有所有计算机语言编写的大量工具，可用于创建和解析
- 缺点
  - 具有低负载/格式化率的庞大文本(但可压缩)
  - 创建和客户端解析都是 CPU 密集型的
  - 常见的字处理字符是非法的(例如 MS Word 上“灵活的“标点符号)
  - 图像和其他二进制数据需要额外编码

3.2 JSON 简介

JSON(JavaScript Object Notation，JavaScript 对象表示法)是一种基于文本的轻量级开放标准，用于人类可读的数据交换。JSON 使用的约

定对各语言的编程人员来说是必须知晓的，这里的编程人员可以是具有 C、C ++、Java、Python、Perl 等语言基础的人。

- 格式是由 Douglas Crockford 指定的
- 它是为人类可读的数据交换设计的
- 已从 JavaScript 脚本语言扩展
- 文件扩展名是.json
- JSON 互联网媒体类型是 application/json
- JSON 易于读写
- JSON 与语言无关

3.2.1　JSON 语法

这一节将讨论 JSON 的基本数据类型和语法。图 3-1 显示了 JSON 的基本数据类型。

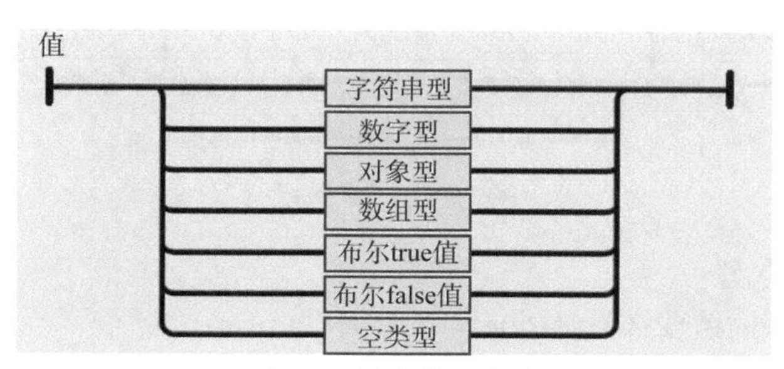

图 3-1　基本数据类型

1. 字符串型

字符串以双引号括起来，可包含常见的转义字符。

2. 数字型

数字有通常的 C/C++/Java 语法，包括指数(E)符号。所有数字都是十进制数——没有八进制或十六进制。

3. 对象型

对象型是名称/值对的一个无序集合。这些对是括在大括号({ })中的。

例如：

```
{ "name": "html", "years": 5 }
```

每个对用逗号分隔。名称和值之间有一个冒号。

JSON 对象型语法如图 3-2 所示。

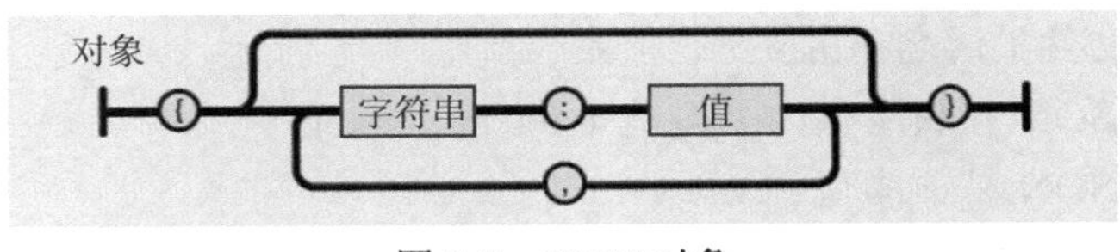

图 3-2　JSON 对象

4. 数组型

数组是值的有序集合。这些值括在括号内。JSON 数组的语法如图 3-3 所示。

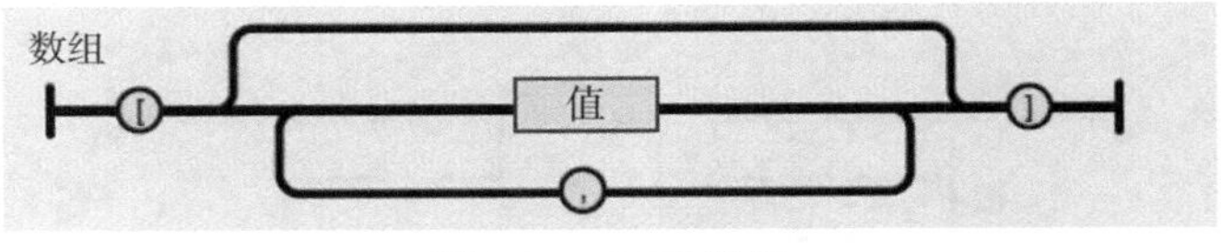

图 3-3　JSON 数组

5. 布尔型

布尔型的值要么是真(true)，要么是假(false)。

6. 空类型

空类型的值是空的。

3.2.2　JSON 的重要性

JSON 作为数据交换格式非常流行的原因之一是编程人员厌倦了编写解析器(JSON 比 XML 更简洁，这一点很重要)。但是“等等”，你说“肯定有 XML 解析器可供你使用，你不需要自己动手。”是的，的确有的。尽管 XML 解析器能处理 XML 标签、属性等低级语法的解析，但你仍然需要遍历 DOM 树。或更糟的是，当你使用 SAX 构建一个解析器时(至于 Objective-C iPhone SDK 这些就看你的了！)，你所编写的代码取决于你需要理解的 XML 格式，如以下几种：

```
1    <person first-name="John" last-name="Smith"/>
```

或者：

```
1    <person>
2    <first-name>John</first-name>
3    <last-name>Smith</last-name>
4    </person>
```

或者：

```
1    <object type="Person">
2    <property name="first-name">John</property>
3    <property name="last-name">Smith</property>
4    </object>
```

或许你还可使用其他任何方式来表达相同的概念(还有很多)。然而标准 XML 解析器在这方面并不能帮助你。你仍然需要用语法解析树做一些工作。

使用 JSON 则是一种完全不同而且优秀的体验。首先，语法更简单，可帮助你避免需要在许多不同表示数据方式之间做出选择(正如我们在前面 XML 章节中看到的)，强加在自己身上的约束更少。JSON 通常只有一种直接方式来表述某个事物：

```
1    { "first-name" : "John",
2       "last-name" : "Smith" }
```

3.2.3　如何使用 JSON

下面讨论如何使用 JSON。

- 在编写包含浏览器扩展和网站在内的基于 JavaScript 的应用时使用 JSON。
- JSON 格式用于通过网络连接序列化和传输结构化数据，主要用于在服务器和 Web 应用之间传输数据。
- Web 服务和 API 使用 JSON 格式来提供公共数据。

3.2.4 JSON 的优缺点

以下是 JSON 的利弊：

优点：

- 易于读/写/解析；
- 相对简洁(例如与 XML 相比)；
- 具有许多可用库的通用“标准”。

缺点：

- 不如二进制格式的量级轻；
- 无法使用注解(comments)；
- 它是“封装的”，这意味着你不能轻易地流式传输/追加数据，而必须将其分解成单独的对象。XML 也有同样的问题，而 CSV 则没有；
- 难以描述你呈现的数据(使用 XML 更容易)；
- 无法执行或校验结构/模式。

3.3 XML 和 JSON 的比较

表 3-1 通过不同的属性比较 XML 和 JSON。

表 3-1 XML 和 JSON 的比较

属性	XML	JSON
简易性	XML 很简单，可读性好	JSON 比 XML 简单得多，而且可读性更好
自描述性	是	是
易于处理	XML 易于处理	JSON 更容易处理，因为它的结构更简单
性能	由于标签而未针对性能进行优化	考虑到大小，JSON 比 XML 更快
开放性	XML 是开放的	JSON 至少与 XML 一样开放，也许更开放，因为它不在企业/政治标准化斗争的中心

(续表)

属性	XML	JSON
面向对象	XML 是面向文档的	JSON 是面向数据的。JSON 可更容易地映射到面向对象的系统
互操作性	XML 是可互操作的	JSON 与 XML 具有相同的互操作性潜力
国际化	支持 unicode	支持 unicode
可扩展性	XML 是可扩展的	JSON 不可扩展，因为它不需要。JSON 不是文档标记语言，因此不需要定义新的标签或属性来表示数据
适用性	XML 被业界广泛采用	JSON 刚刚开始变得为人所知。它的简单性和将 XML 转换为 JSON 的便利性使得 JSON 最终更加适用

环境设置和 hello from REST 练习

环境

表 3-2 列出了实验所需的软件。本章中的实验为你设置了环境，并帮助你验证“hello from REST 程序练习”的初始环境。

表 3-2 安装软件列表

软件	用途	安装说明
JDK 8	实验项目必备	将二进制文件下载到你的计算机。 执行该二进制文件并按照说明进行操作
Eclipse -Mars	开发用的 IDE	
Jetty 或者 Tomcat	在 IDE 中运行实验	在 Eclipse 中配置 JETTY。按照以下说明进行操作。 (1) 选择 Eclipse | Install New Software 菜单。 (2) 点击 Add 并在 Name 栏键入 Jetty，在 Location 栏键入 http://eclipse-jetty. github.io/update/

(续表)

软件	用途	安装说明
Jetty 或者 Tomcat	在 IDE 中运行实验	(3) 按 OK 将提示 Terms and Conditions 屏幕。审阅这些条款和条件并选择 Accept 以在 Eclipse 中安装 JETTY 插件(如图 3-4 所示)： 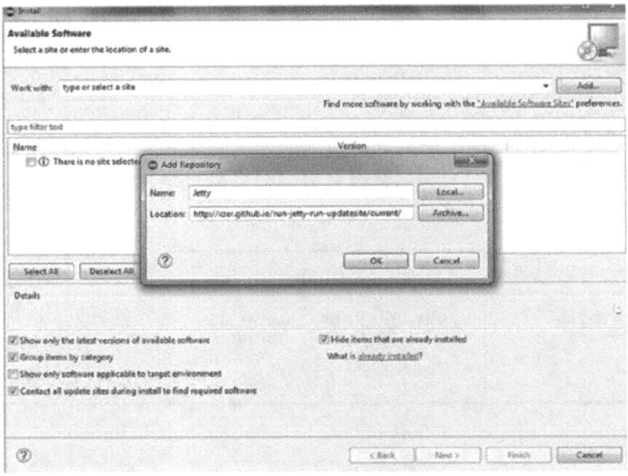 图 3-4　安装 JETTY 插件
Community MySQL 或者 MS SQL	数据库-RDBMS	将二进制文件下载到你的计算机。 执行该二进制文件，并按说明进行操作
Maven 或者 Ant	Build 工具	
Curl	从命令行运行 REST API	
Postman	从浏览器运行 REST API	

Hello from REST 程序练习

本实验目标是：

- 验证开发环境的设置；
- 在 Eclipse 中配置的 Jetty 中运行“Hello from REST 程序练习”

前提条件

你已经安装 JDK，并且 Eclipse Mars 安装了 JETTY 插件。

图 3-5 显示从客户端到服务器，再到客户端，逐步处理 REST URI 的过程。

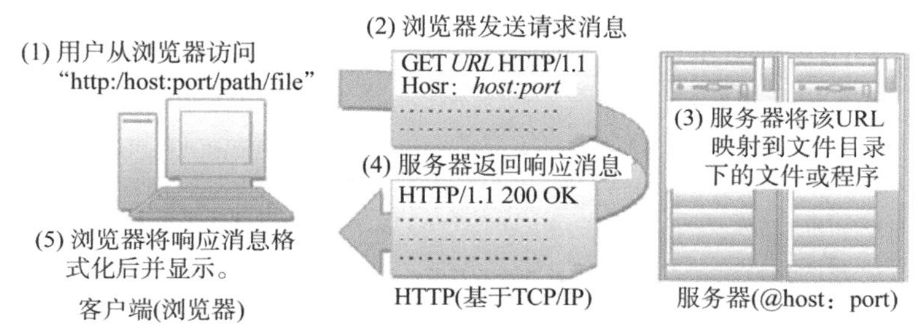

图 3-5　REST URI 处理过程

安装说明

(1) 新建项目：File | New | Project | Maven | Maven Project，如图 3-6 所示。

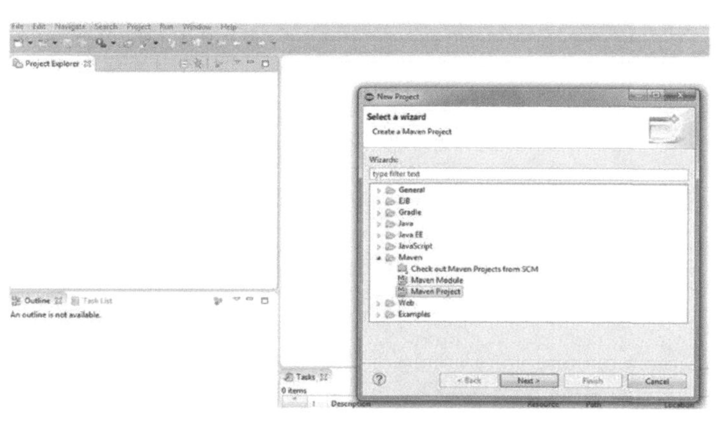

图 3-6　新建项目

(2) 点击 Next 按钮后显示如下屏幕，点击这个屏幕上的 Next 按钮，如图 3-7 所示。

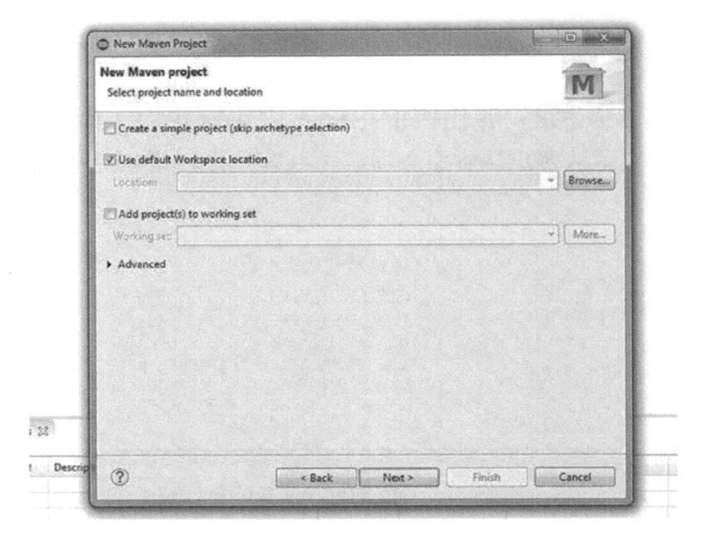

图 3-7　点击这个屏幕上的 Next 按钮

(3) 选择 archetype 为 maven-archtype-webapp，如图 3-8 所示。

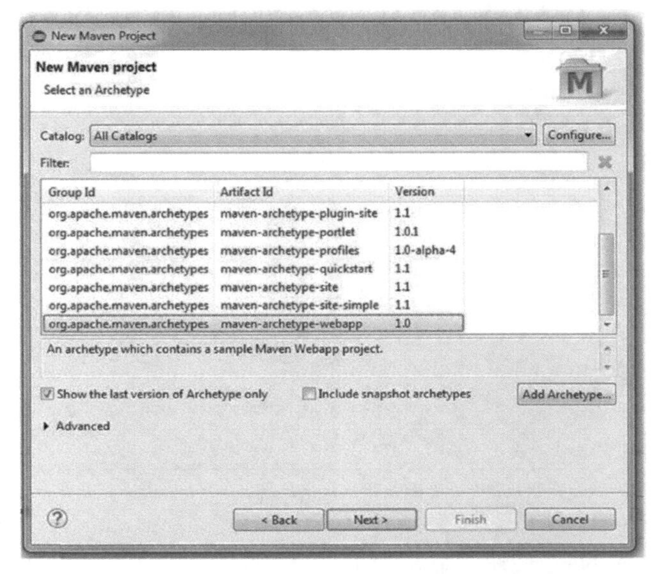

图 3-8　选择 archetype 为 maven-archtype-webapp

(4) 在 Maven 项目的下一个屏幕中填写以下信息，然后点击 Finish，如图 3-9 所示。

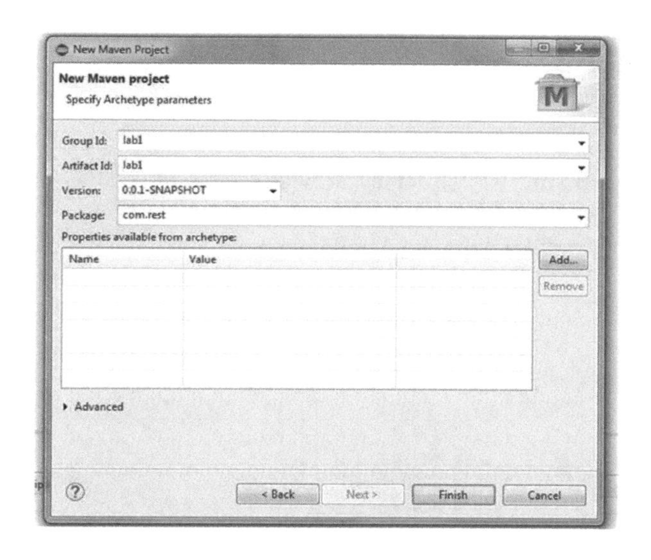

图 3-9　点击 Finish

(5) 为 pom.xml 里的 Jersey 和 Servlet 添加 Maven 依赖项，如图 3-10 所示。

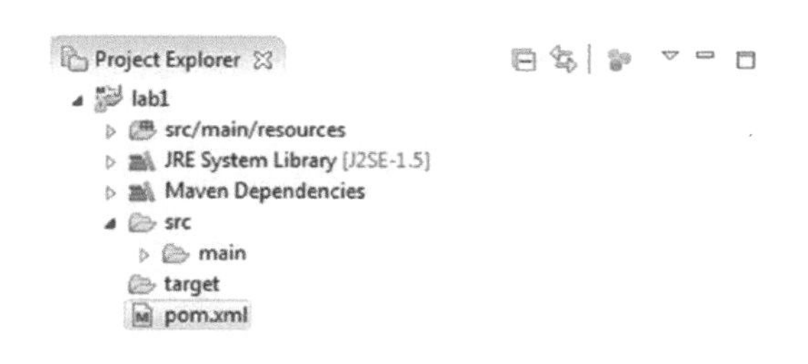

图 3-10　添加 Maven 依赖项

```
<dependency>
<groupId>com.sun.jersey</groupId>
<artifactId>jersey-server</artifactId>
<version>1.19</version>
<scope>compile</scope>
```

```
</dependency>
<dependency>
<groupId>com.sun.jersey</groupId>
<artifactId>jersey-servlet</artifactId>
<version>1.19</version>
<scope>compile</scope>
</dependency>
```

(6) 在 web.xml 中添加 Jersey Servlet 配置信息，如图 3-11 所示。

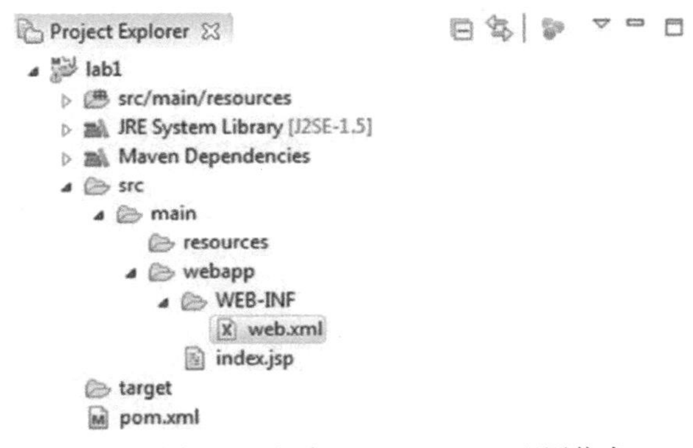

图 3-11　添加 Jersey Servlet 配置信息

```
<web-app>
<display-name>Archetype Created Web Application</display-name>
<servlet>
<servlet-name>Jersey REST Service</servlet-name>
<servlet-class>com.sun.jersey.spi.container.servlet.
ServletContainer</servlet-class>
<init-param>
<param-name>com.sun.jersey.config.property.packages</param-name>
<param-value>com.rest</param-value>
</init-param>
<load-on-startup>1</load-on-startup>
</servlet>
<servlet-mapping>
<servlet-name>Jersey REST Service</servlet-name>
<url-pattern>/rest/*</url-pattern>
</servlet-mapping>
</web-app>
```

(7) 选择 main｜New｜Folder｜java。

(8) 选择 src/main/java. 然后选择 New Package|com.rest。你应该看到如图 3-12 所示的信息。

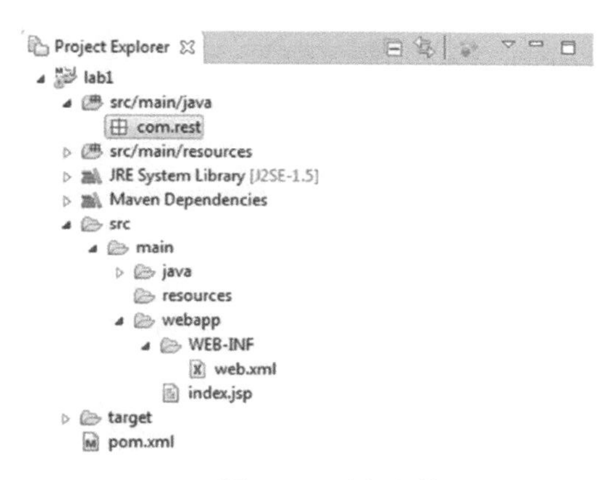

图 3-12　选择文件

(9) 在 com.rest 包中新建一个 HelloResource 类，如图 3-13 所示。

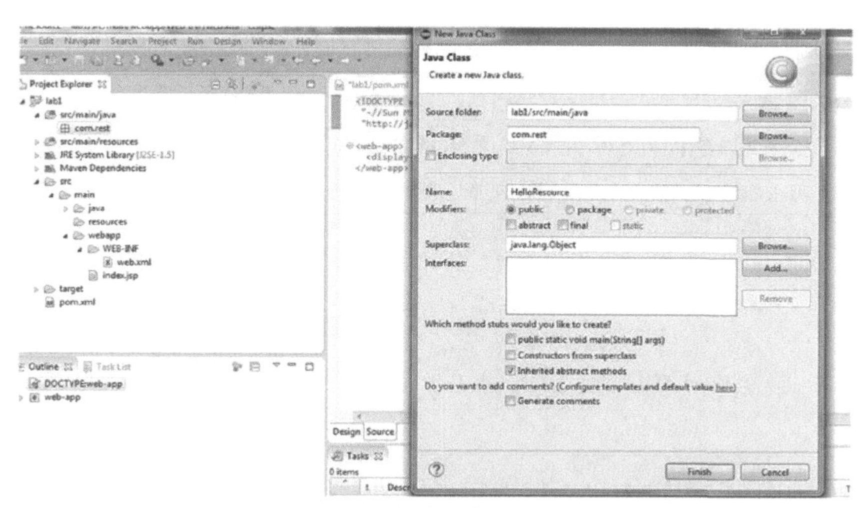

图 3-13　新建一个 HelloResource

```
package com.rest;
import javax.ws.rs.GET;
import javax.ws.rs.Path;
```

```
import javax.ws.rs.Produces;
import javax.ws.rs.core.MediaType;
@Path("hello")
public class HelloResource {
   @GET
   @Produces(MediaType.TEXT_HTML)
   public String sayHtmlHello() {
   return "Hello from REST;
   }
}
```

(10) 选择 pom.xml，右击然后选择 Run As | Run Jetty。

(11) 打开浏览器并键入 URL“http://localhost:8080/lab1/ rest/hello”，会看到如图 3-14 的结果。

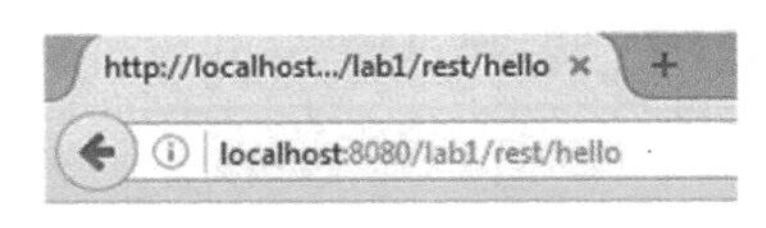

Hello from REST

图 3-14　看到的结果

注意

如果在 URI 中使用 NEO 或更高版本的 Eclipse IDE，则需要指定 lab1。URI 与 localhots:8080/rest/hello 类似。所有其他练习都是如此。

第 4 章

JAX-RS 介绍

本章将介绍有关 JAX-RS 的基本概念。最后还有使用 JAX-RS 的 XML 和 JSON 表示的练习。

4.1 JAX-RS 简介

用于 RESTful Web 服务的 Java API(JAX-RS)是一种 Java 编程语言 API 规范，可根据 REST 架构模式创建 Web 服务。JAX-RS 是一组接口和 Java 注释的集合，可简化服务器端 REST 应用的开发。与其他类型的分布式系统相比，JAX-RS 技术使得 REST 应用更易于开发和使用。以下是 JAX-RS 提供的显著特性：

- 基于 POJO 的资源类
- 以 HTTP 为中心的编程模型
- 实体格式独立性
- 容器独立性
- 包含在 Java EE 标准中
- 是用于构建和使用 RESTful Web 服务的标准化 API
- 应用：指定哪些用于处理请求的 Java 类服务
- 资源：通过基础 Java 代码和注解构建 RESTful 服务
- 提供者：便于对数据进行封装和解封装(POJO 类消费者)

- 客户端 API：使用基本 Java 代码和注释构建 RESTful 服务客户端
- 过滤器和拦截器：用于在整个请求-响应调用链中插入执行代码的工具
- 校验：为输入数据提供基于注释的校验。例如：

```
@NotNull @FormParam ( "firstname" ) String firstname,
      @NotNull @FormParam ( "lastname" ) String lastname,
               @Email @FormParam ( "email" ) String
               email)
```

- 异步处理：提供客户端和提供者端长时间运行的异步请求的处理工具(@Suspended)
- @Context：允许客户端和提供者端的实现类从运行时环境访问有用的对象，例如，头部(servlet 调用)信息
- 环境：为提供者端的实现类提供 servlet 信息

图 4-1 是一个 JAX-RS API 的示例，用于获取 ATM 账户的余额。它显示了资源、HTTP 方法、内置序列化和 URI 参数注入等信息。

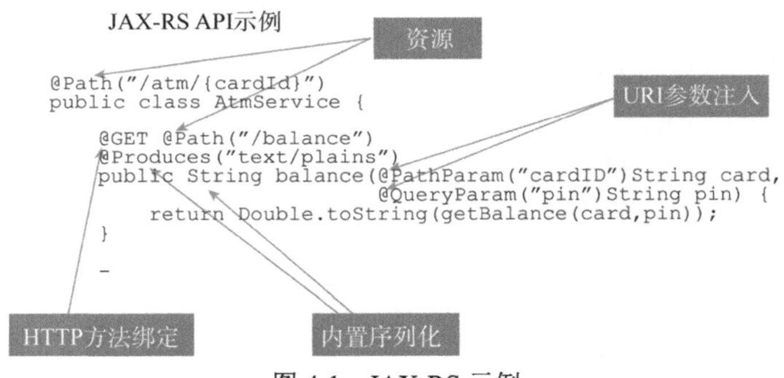

图 4-1　JAX-RS 示例

4.1.1　输入和输出内容类型

以下是 JAX-RS 支持的媒体类型。这些应在请求和响应注释中使用，用于由 REST 资源生成或使用的内容。

```
●APPLICATION_JSON: application/json
```

- APPLICATION_XML: application/xml (使用编码)
- TEXT_HTML: text/html
- TEXT_PLAIN: text/plain
- TEXT_XML: text/xml

应用(APPLICATION)和文本(TEXT)媒体类型之间的区别在于是否支持国际化。

其中应用媒体类型支持国际化编码。

例如：

```
@Produces("application/json")
@Consumes("text/xml)
```

4.1.2　JAX-RS 注入

许多 JAX-RS 涉及从 HTTP 请求中提取信息并将其注入 Java 方法中。你可能只对传入的 URI 的一部分感兴趣，也可能对 URI 查询字符串值感兴趣。客户端也可能发送服务所需的关键 HTTP 头部信息或存储在用户本地终端的数据(cookie)值来处理相关请求。对于这些 JAX-RS，提供了通过一组注入注释和 API 的方法来获取信息。

JAX-RS 注释可注入很多不同的信息。以下是规范提供的列表：

- 你需要使用 JAX-RS 中的 Path 注释来为传入的 HTTP 请求定义 URI 匹配模式。可将其放在一个类中或一种或多种方法中。如果你希望一个类来接收 HTTP 请求，则必须至少使用@Path("/")来对其进行注释。这种带注释的类被称为一个 JAX-RS 根资源。
- 要使用@Path 注释，你需要提供一个与 JAX-RS 应用的上下文根路径相关的 URI 表达式。

```
@ javax.ws.rs.Path
```

- PathParam 允许从 URI 模板参数提取值。

```
@ javax.ws.rs.PathParam
```

- QueryParam 允许从 URI 查询参数提取值。

```
@javax.ws.rs.QueryParam
```

- FormParam 允许从 post 提交的表单数据中提取值。

```
@javax.ws.rs.FormParam
```

- HeaderParam 允许从 HTTP 请求头部中提取值。

```
@javax.ws.rs.HeaderParam
```

- CookieParam 允许从客户端设置的 HTTP cookie 中提取值。

```
@javax.ws.rs.CookieParam
```

- MatrixParam 允许你从 URI matrix 参数中提取值(kv 对)。

```
@javax.ws.rs.MatrixParam
```

- Context 类是通用的注入注释。它允许你注入由 JAX-RS API 提供的各种帮助和信息对象。

```
@javax.ws.rs.core.Context
```

以下是 JAX-RS 注入的一些示例。

1. Path 参数

单个参数：

```
@Path("/customers/{id}")

public String getCustomer(@PathParam("id") int id);
```

多个参数：

```
@Path("/products/{name}-{version}")
public String getProduct(@PathParam("name) String name,
@ PathParam("version") String version)
```

2. Query 参数

通过限定 Query 参数来请求子集：

```
http://restcalss/products?start=0&count=10
@GET
@Produces("application/json")
public String getProducts(@QueryParam("start") int start,
@ QueryParam("count") int count);
```

```
public String getProducts(@Context Uriinfo info)
String info.getQueryParameters().getFirst("start");
```

3. Cookie 参数

使用@CookieParam 来检索单个值：

```
public string get(@CookieParm("userId" String userId)
```

4. Header 参数

@HeaderParam 用于插入 HTTP 头部值：

```
public String get(@HeaderParam("Accept") String accept)
```

5. Form 参数

@FormParam 用于从 HTML 的请求体中检索信息：

```
@Path("/product")
@POST
createProduct( @FormParm("name") String, productName, @
FormParm("description") String description,..
```

6. Matrix 参数

@MatrixParam 用于限定单个路径段，而不是完整的 URI：

```
Response getBooks(@PathParam("year") String year,
@MatrixParam("author") String author,
@MatrixParam("country") String country) {
```

比如下面这个请求，查询来自美国的作者 bill 在 2016 年出版的所有书籍。

```
"/books/2016;author=bill;country=usa"
```

调用 getBooks 时，将 year 设置为 2016，author 设置为 bill 以及 country 设置为 usa。

4.2 REST 实现

接下来使用 JAX-RS 来实际编写一个 REST 应用。

JAX-RS 和 XML

本练习使用了 XML 作为数据表现形式的 JAX-RS 来实现的 CRUD 操作(创建、检索、更新、删除)。“创建”是用 HTTP POST 方法实现的。创建使得内存数组中增加一个客户对象。“检索”是用客户 ID 通过 GET 方法获取客户对象。“更新”将通过 HTTP PUT 方法更新客户对象的字段。“删除”将通过客户 ID 来删除客户对象。

本练习将使用上一章中已完成的配置，包括相同的 pom.xml 和 web.xml 文件。

客户对象-XML

以下是 XML 中客户的表示。

```
<customer>
  <firstname>Bill</firstname>
  <lastname>Clark</lastname>
  <email>bill.clark@gmail.com</email>
</customer>
```

客户对象-Java

这是在 Java 中的客户域对象的表示。

```
package com.rest.domain;
import javax.xml.bind.annotation.XmlRootElement;
import javax.xml.bind.annotation.XmlElement;
@XmlRootElement(name="customer")
public class Customer {
  // Maps a object property to a XML element derived from property
name.
  @XmlElement public int id;
  @XmlElement public String firstname;
  @XmlElement public String lastname;
  @XmlElement public String email;
}
```

Customer Resource - JAX-RS

以下是使用 JAX-RS 注入实现的 CRUD 操作的客户资源。

```
package com.rest.resource;

import java.util.Map;
import java.util.concurrent.ConcurrentHashMap;
import java.util.concurrent.atomic.AtomicInteger;
import javax.ws.rs.Consumes;
import javax.ws.rs.DELETE;
import javax.ws.rs.GET;
import javax.ws.rs.POST;
import javax.ws.rs.PUT;
import javax.ws.rs.Path;
import javax.ws.rs.PathParam;
import javax.ws.rs.Produces;
import javax.ws.rs.WebApplicationException;
import javax.ws.rs.core.Response;

@Path("customers")
public class CustomerResource {
// ConcurrentHashMap - A hash table supporting full concurrency
of retrievals and adjustable expected concurrency for updates.
static private Map<Integer, Customer> customerDB = new
ConcurrentHashMap<Integer, Customer>();
// An AtomicInteger is used in applications such as atomically
incremented counters.
static private AtomicInteger idCounter = new AtomicInteger();

@POST
@Consumes("application/xml")
public Customer createCustomer(Customer customer) {
  customer.id = idCounter.incrementAndGet();
  customerDB.put(customer.id, customer);
  return customer;
}
@GET
@Path("{id}")
@Produces("application/xml")
```

```
public Customer getCustomer(@PathParam("id") int id) {
  Customer customer = customerDB.get(id);
  return customer;
}

@PUT
@Path("{id}")
@Consumes("application/xml")
public void updateCustomer(@PathParam("id") int id, Customer update) {
  Customer current = customerDB.get(id);
  current.firstname = update.firstname;
  current.lastname = update.lastname;
  current.email = update.email;
  customerDB.put(current.id, current);
}

@DELETE
@Path("{id}")
public void deleteCustomer(@PathParam("id") int id) {
  Customer current = customerDB.remove(id);
  if (current == null) throw new WebApplicationException(Response.
Status.NOT_FOUND);
  }
}
```

CRUD 操作和 CURL

CURL 是一个可用于调用 REST URI 的命令行工具。以下是每个 CRUD 操作对应的 CURL 请求。

```
curl -H "Content-Type: application/xml" -X POST
-d "<customer><firstname>Bill</firstname><lastname>Burke</
lastname><email>bill.burke@gmail.com</email></customer>" http://
localhost:8080/lab2/rest/customers

curl -H "Content-Type: application/xml" -X GET http://localhost:8080/
lab2/rest/customers/1

curl -H "Content-Type: application/xml" -X PUT -d
```

```
"<customer><firstname>Ed</firstname><lastname>Burke</lastname><email>ed.
burke@gmail.com</email></customer>" http://localhost:8080/lab2/rest/
customers/1

curl -H "Content-Type: application/xml" -X DELETE http://
localhost:8080/lab2/rest/customers/1
```

图 4-2 显示了 CURL 命令的执行结果。

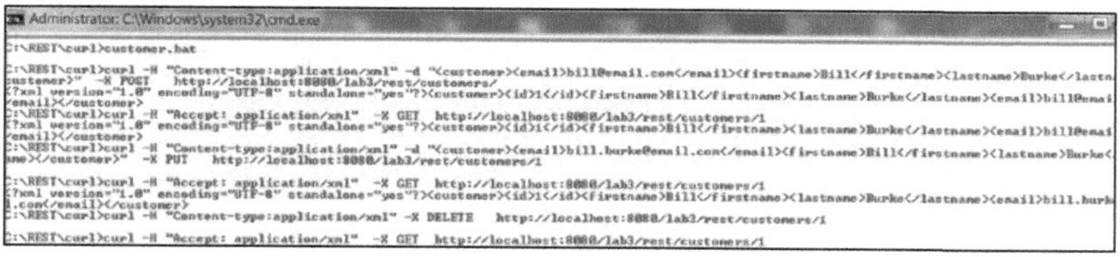

图 4-2　CURL 命令的执行结果

JAX-RS 和 JSON

本练习使用 JSON 作为数据表现形式的 JAX-RS 来实现 CRUD 操作(创建、检索、更新、删除)。与 XML 类似，“创建”使用 HTTP POST 方法，使得内存数组中增加一个客户对象。“检索”是用客户 ID 通过 GET 方法获取客户对象。“更新”将通过 HTTP PUT 方法更新客户对象的字段。“删除”将通过客户 ID 来删除客户对象。另外，获取所有客户对象的操作将以集合(collection)形式返回客户对象列表。此外，如果客户 ID 不存在，根据最佳实践我们将返回一个 JSON 表示的错误消息的响应。

客户对象-JSON

以下是 JSON 中客户示例数据的表现形式。

```
{ "customer" : [ {
  "firstname" : "Bill",
  "lastname" : "Clark",
  "email : "bill.clark@gmail.com"
}]}
```

本练习中，将对支持 JSON 表示所需的 pom.xml 和 web.xml 文件进行更改。

POM.XML 更新

对于 JSON 的 pom.xml 文件需要增加 glassfish 和 Jackson 的 maven 依赖。

```
<dependency>
<groupId>org.glassfish.jersey.containers</groupId>
<artifactId>jersey-container-servlet</artifactId>
<version>2.2</version>
</dependency>
<dependency>
<groupId>org.glassfish.jersey.core</groupId>
<artifactId>jersey-client</artifactId>
<version>2.2</version>
</dependency>
<dependency>
<groupId>com.fasterxml.jackson.jaxrs</groupId>
<artifactId>jackson-jaxrs-json-provider</artifactId>
<version>2.4.1</version>
  </dependency>
```

web.xml 更新

对于 glassfish 的 web.xml 文件更新如下。

```
<web-app>
<display-name>Archetype Created Web Application</display-name>
<servlet>
<servlet-name>Jersey REST Service</servlet-name>
<servlet-class>org.glassfish.jersey.servlet.ServletContainer
</servlet-class>
<init-param>
<param-name>jersey.config.server.provider.packages</param-name>
<param-value>com.rest</param-value>
</init-param>
<load-on-startup>1</load-on-startup>
```

```
</servlet>
<servlet-mapping>
<servlet-name>Jersey REST Service</servlet-name>
<url-pattern>/rest/*</url-pattern>
</servlet-mapping>
</web-app>
```

CustomerResource 更新

以下是 JSON 的 CustomerResource 更新。我们将添加从 collection 中获取所有客户的功能，以及添加错误处理的功能。

将以下内容添加到所有方法中，使这些方法使用 JSON 版本的 API：

```
@Consumes({ "application/xml", "application/json" })
@Produces({ "application/xml", "application/json" })
```

现在可分析获取所有客户列表这个功能。该请求通过@Path("customers")路由到 getAll()方法，以获取所有客户的集合(collection)。getAll()是返回客户列表的 Java 方法。

```
@GET
@Produces({ "application/xml", "application/json" })
public Collection<Customer> getAll() {

  List<Customer> customerList = new ArrayList<Customer>(customerDB.
values());
  return customerList;
}
```

添加错误处理功能：

```
final Customer customer = customerDB.get(id);
if (customer == null) {
  ErrorMessage errorMessage = new ErrorMessage("1001", "Customer not
found!", "http://localhost:8080/lab3/error1001.jsp", Response.Status.
NOT_FOUND);
  throw new NotFoundException(errorMessage);
}
```

ErrorMessage 对象

这是 ErrorMessage 对象的定义：

```
package com.rest.exception;

import javax.xml.bind.annotation.XmlRootElement;
import javax.ws.rs.core.Response;
import javax.xml.bind.annotation.XmlElement;
@XmlRootElement(name="message")
public class ErrorMessage {
@XmlElement public String code;
@XmlElement public String description;
@XmlElement public String link;
@XmlElement public Response.Status status;
  public ErrorMessage(String code,String description, String link,
Response.Status status) {
      this.code = code;
      this.description = description;
      this.link = link;
      this.status = status;
  }
}
```

NotFoundException 类

以下是 NotFoundException 类。

```
package com.rest.exception;
import javax.ws.rs.WebApplicationException;
import javax.ws.rs.core.Response;
public class NotFoundException extends WebApplicationException {
/**
*
*/
private static final long serialVersionUID = 1L; /**
  * Create a HTTP 404 (Not Found) exception.
  * @param message the String that is the entity of the 404 response.
*/
public NotFoundException(ErrorMessage message) {
      super(Response.status(Response.Status.NOT_FOUND).
```

```
        entity(message).type("application/json").build());
    }
}
```

POSTMAN 中的结果

首先创建一个客户，如图 4-3 所示。

图 4-3　创建一个客户

通过客户 ID 来获取客户，如图 4-4 所示。

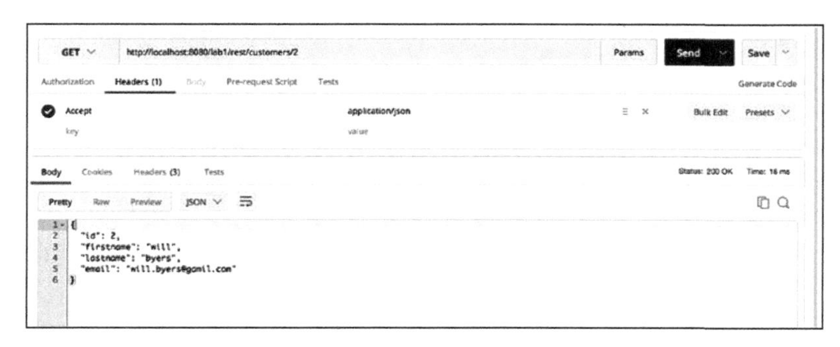

图 4-4　通过客户 ID 来获取客户

获取所有客户，如图 4-5 所示。

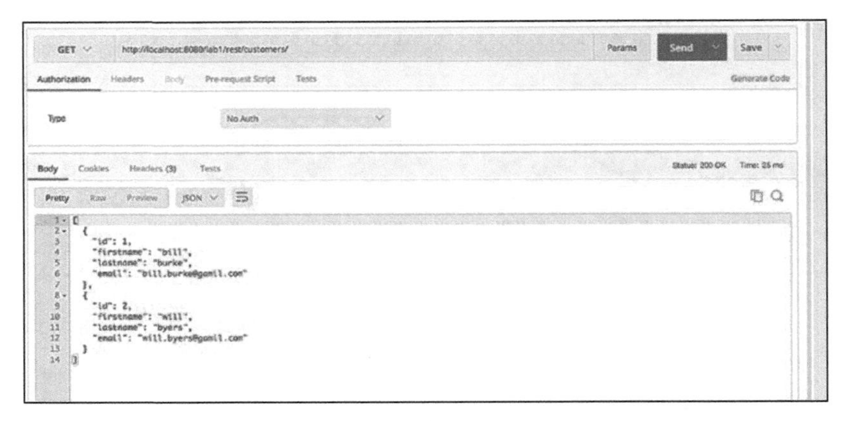

图 4-5　获取所有客户

通过不存在的客户 id 来获取客户，如图 4-6 所示。

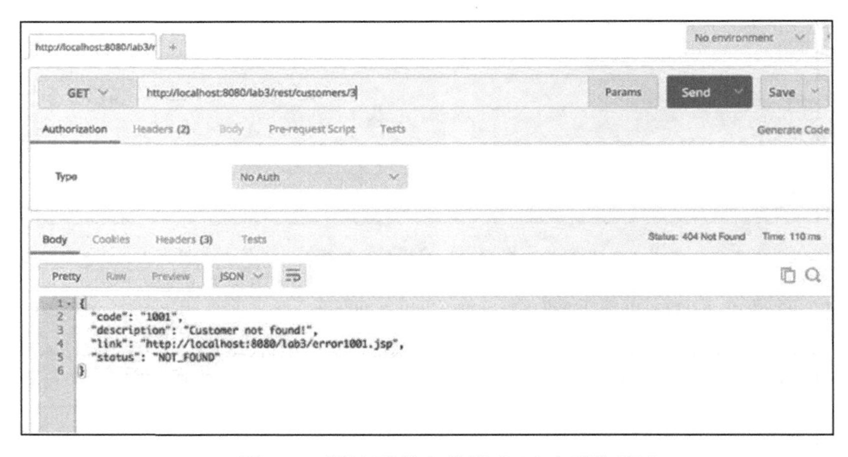

图 4-6　通过不存在的客户 id 来获取客户

第 5 章

API 组合和框架

本章首先介绍 API 组合架构(API Portfolio Architecture)，然后讨论 API 开发框架(从客户端到数据)，再将重点转移到服务层，最后有一个实现服务层的编码练习。

5.1 API 组合架构

通常来说，一个组织不会只有一个 API，而是有多个 API。因此 API 组合要求其中的所有 API 都彼此一致，可重用，可发现和可定制。

5.1.1 需求

API 组合设计是不同 API 利益相关者都关注的问题。在适当设计的 API 组合中，API 消费者和生产者都有着各自显著的优势，双方就一致性、可重用、可定制、可发现和持久性制定了 API 组合的需求。

5.1.2 一致性

一个 API 解决方案，比如移动应用，可使用来自组合的多个 API，其中一个 API 的输出可能是另一个 API 的输入。因此，对数据结构、表现形式、URI、错误消息以及 API 的行为都需要一致性。如果 API 的行为类似于上一个 API 并提供类似的错误消息，那么 API 消费者会觉得该 API 更容易使用。

5.1.3 可重用

一致的 API 组合包括 API 之间的许多共性。这些共性可分解、共享和重用。可重用可大大加快开发速度。通过重用公共元素，每次构建 API 时都不会重新造轮子。相反，一个模型和专有技术的公共库是可共享和重用的。可通过多种方式实现重用：

- 在多个应用之间重用 API
- 在多个 API 中重用 API
- 直接重用 API 的部分代码

通常来说，API 并不是为某一个特定的消费者开发的。因此 API 应该能被多个消费者、解决方案或项目使用。

5.1.4 可定制

如果 API 的消费者不是同一类型的，那么可能对 API 有特定需求。这种情况下，需要对 API 进行定制以满足消费者的个性化需求。这看似与可重用需求矛盾，但其实两者可同时实现。

5.1.5 可发现

为扩展 API 的使用，API 消费者应该很容易地找到并发现 API 组合中的所有 API。一个 API 组合设计需要确保 API 可被找到，并提供正确使用需要的所有信息。

5.1.6 持久性

持久性意味着 API 的某些重要方面不会轻易改变，并且在很长时间内保持稳定。比如 API 的签名、面向客户端的接口等。签名的更改将破坏 API 消费者构建的应用。例如，在物联网上的硬件固件并不能轻易改变。

5.2 如何实施这些需求——治理？

API 计划或新方案通常被视为企业的创新实验室。而实施治理可能与创新相互矛盾。因此，为管理这些冲突的需求，API 组合可分为两种组合。一个组合致力于创新和实验，需要轻量级的治理流程。另一个组合致力于稳定的、高效的 API，这些 API 提供给外部 API 消费者。

5.2.1 一致性

每个企业都可实现自己的一套一致性规则。当企业定义了一致性规则后，一致性检查可通过手动或自动方式来实现。轻量级的一致性检查可通过手动质量检查或同事审查来实现。有一种互补方法基于 API 描述的自动化代码生成。

5.2.2 可重用

API 平台(例如安全、日志记录和错误处理程序)提供了两种类型的模块构建。任何其他的共性功能或可重用的解决方案模式都可以作为模块构建的组成部分。你可以拥有“自己”的 API 或第三方 API。第三方 API 可通过在“自己”的平台上创建 API 代理来集成到 API 平台中。这对具有同等安全性的消费者来说是有帮助的。下一章将详细讨论 API 代理和 API 平台架构。

5.2.3 可定制

一般来说，API 消费者会对数据格式化和数据交付方式比较感兴趣，并不关心数据采集。因此这些可分为两部分：一个 API 负责数据采集，我们称之为“实用 API”；另一个 API 负责交付数据以及根据消费者的需求进行格式化，称为“消费者 API”。实用 API 不能被消费者直接调用；只有消费者 API 才能调用这些实用 API。

5.2.4 可发现

API 的可发现可以是手动方式，也可以是自动化方式。所谓手动方式，即通过 API 目录或黄页发现。所谓自动化方式，即基于 SOAP，通过 UDDI 和 WSDL 来实现。还有基于 REST 的方式，即使用有限的 HTTP 的 OPTIONS 动词。

5.2.5 变更管理

从创新或业务的角度看，应该尽量及早发布 API。但从 IT 治理的角度看，发布要尽可能晚。在折中的解决方案中，API 还是尽早发布的，但仅限于试点消费者，而且需要提前预期到 API 有可能发生变更并破坏应用。变更可分为三种：向后兼容、向前兼容和不兼容。如果旧客户端可与新的 API 进行交互，则会提供向后兼容(比如添加可选的查询、头部或表单参数；或在 JSON 或 XML 中添加新字段；或者添加端点，例如新的 REST 资源；向现有的 SOAP 等终端路径添加新操作等；向请求接口添加可选字段；在现有 API 中将必填字段更改为可选字段等)。如果新客户端可与旧 API 进行交互，则会提供向前兼容。这种实现有一定难度，但一般来说实现向前兼容是很好的。可能的变更包括以下几种：

- **不兼容的变更**：如果 API 中的变更会破坏客户端，该变更就是不兼容的。
- **删除**：在请求或响应中重命名数据结构或参数中的字段。
- **变更 URI**：例如主机名、端口等。
- **变更数据结构**：使一个字段成为其他字段的一个子字段。在数据结构中添加新的必填字段等。

5.3 API 框架

如前所述，API 有多种解决方案，例如 Web 应用、移动应用等。每种解决方案都通过一种基于设计模式的多层架构与 API 交互。设计模式是软件设计中针对给定上下文中常见问题的、可重用的通用解决方案。

设计模式并不是已完成的设计，无法直接转换为源代码或机器代码。

如图所示，图 5-1 多层框架包括：

- 通过服务设计模式实现的流程 API;
- 通过 DAO 设计模式实现的系统 API;
- 通过 API 外观设计模式实现的体验 API。

每一层都是采用软件工程的设计模式实现的。

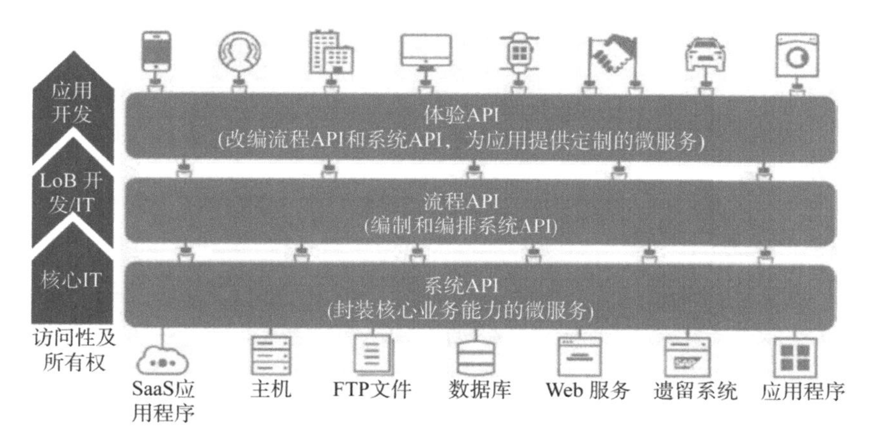

图 5-1　API 多层框架

5.3.1　流程 API——服务层

服务层负责实现应用的业务逻辑(可重用逻辑)：流程特定的逻辑和通过编制(Orchestration)和编排(Choreography)与系统 API 交互的逻辑。在这个意义上，编制(直接调用)将应用的业务功能开发与 IT 需求、数据和基础设施保持一致。相反，编排不依赖于中央协调器。参与编排的每个 API 都知道何时执行其操作以及与谁进行交互。

5.3.2　系统 API-数据访问对象

系统 API 或系统级服务与自主服务的概念相一致，系统 API 设计的抽象性足以隐藏底层的记录系统，例如数据库、遗留系统、SaaS 应用。

通常，DAO 是向某种类型的数据库或其他持久性机制提供抽象接口的对象。通过将应用调用映射到持久层，DAO 提供了一些特定的数据操作，而不需要公开系统的细节。

5.3.3 体验 API-API 外观

流程 API 和系统 API 都应该定制和公开，以满足每个业务渠道和解决方案架构的数字接触点的需要。这种适应由期望的数字经验形成，也就是我们所说的"体验 API"。这是由 API 外观层实现的。API 外观模式的目标是明确表达内部系统，并对应用开发人员有用，能提供良好的 APX(API 体验)。

本章将介绍服务层的实现。第 6 章和第 7 章介绍数据访问对象和 API 外观层。

5.3.4 服务层实现

服务层负责应用业务逻辑的实现：可重用的逻辑、流程特定的逻辑以及与遗留系统交互的逻辑。在服务层的实现中，使用了依赖注入的设计模式。依赖注入之间的一般概念称为控制反转(Ioc)。如果类 A 使用类 B 作为变量，则类 A 对类 B 有依赖关系。如果使用依赖注入，则类 B 通过类 A 的构造函数提供给类 A。这被称为"构造注入"。如果使用 setter 方法，则称为"setter 注入"。

类不应该配置本身，而应该从外部进行配置。基于独立类/组件的设计提高了可重用性。基于依赖注入的软件设计可用标准的 Java 来实现。

后面的练习中实现的 Spring 框架通过提供配置的标准方法和管理对创建对象的引用，简化了依赖注入的使用。Spring 容器提供的基本功能是依赖注入。Spring 提供了轻量级容器，例如 Spring 的核心容器，用于依赖注入(DI)。该容器允许将所需的对象注入其他对象中。这导致 Java 类不再是硬耦合的设计。Spring 中的注入通过 setter 注入或构造注入来完成。

Spring 框架如图 5-2 所示。Spring 的核心容器将用于 Spring 框架的依赖注入，它通常基于注释来处理配置。

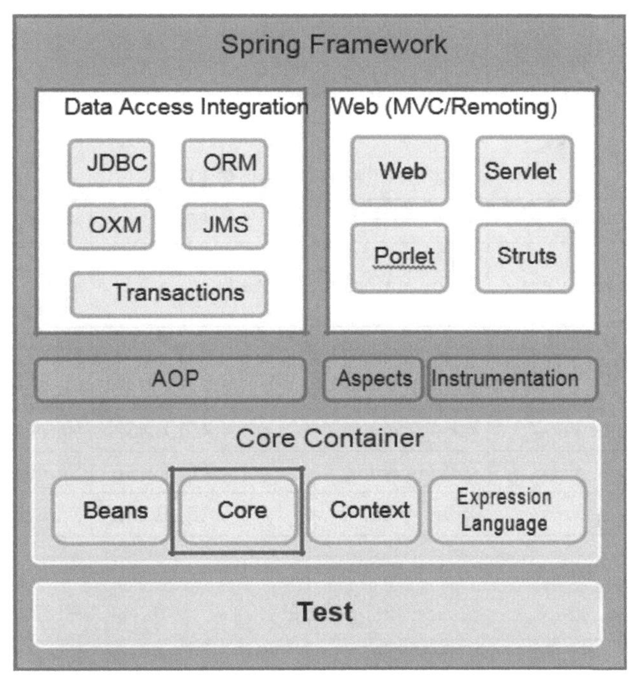

图 5-2　Spring 框架

框架-服务

本练习使用 podcast 域对象来实现 CRUD 操作以及 podcast 中的搜索功能。podcast 域对象结构非常简单。其中 id 字段标识了一个 podcast，还有几个字段如下面的 JSON 结构所示：

```
{
    "id":1,
    "title":"Quarks & Co - zum Mitnehmen-modified",
    "link":"http://itunes.com /podcasts/1/Quarks-Co-zum-Mitnehmen",
    "feed":"http://itunes.com /quarks.xml",
    "description":"Quarks & Co: Das Wissenschaftsmagazin",
    "insertionDate":1388213547000
}
```

POM.XML 更新

表 5-1 显示 Maven 项目依赖。

表 5-1　Maven 项目依赖

项目	依赖	版本	描述
org.glassfish.jersey.ext	jersey-spring3	2.14	支持Bean校验的Jersey扩展模块
org.glassfish.jersey.media	jersey-media-json-jackson	2.14	Jersey JSON Jackson
org.springframework	spring-core	4.1.4.RELEASE	Spring core
org.springframework	spring-context	4.1.4.RELEASE	Spring context
org.springframework	spring-web	4.1.4.RELEASE	Spring web

```
<properties>
    <spring.version>4.1.4.RELEASE</spring.version>
    <jersey.version>2.14</jersey.version>
</properties>
<dependencies>
    <!-- Jersey + Spring -->
    <dependency>
        <groupId>org.glassfish.jersey.ext</groupId>
        <artifactId>jersey-spring3</artifactId>
        <version>${jersey.version}</version>
        <exclusions>
            <exclusion>
                <groupId>org.springframework</groupid>
                <artifactId>spring-core</artifactId>
            </exclusion>
            <exclusion>
                <groupId>org.springframework</groupId>
                <artifactId>spring-web</artifactId>
            </exclusion>
            <exclusion>
                <groupId>org.springframework</groupId>
                <artifactId>spring-beans</artifactId>
```

```
            </exclusion>
        </exclusions>
    </dependency>
    <!-- JSON -->
    <dependency>
        <groupId>org.glassfish.jersey.media</groupId>
        <artifactId>jersey-media-json-jackson</artifactId>
        <version>${jersey.version}</version>
    </dependency>

    <!-- Spring framework-->
    <dependency>

        <groupId>org.springframework</groupId>
        <artifactId>spring-core</artifactId>
        <version>${spring.version}</version>
    </dependency>
    <dependency>
        <groupId>org.springframework</groupId>
        <artifactId>spring-context</artifactId>
        <version>${spring.version}</version>
        <exclusions>
            <exclusion>
                <groupId>commons-logging</groupId>
                <artifactId>commons-logging</artifactId>
            </exclusion>
        </exclusions>
    </dependency>
    <dependency>
        <groupId>org.springframework</groupId>
        <artifactId>spring-web</artifactId>
        <version>${spring.version}</version>
    </dependency>
</dependencies>
```

web.xml 更新

完成 web.xml 以及 Spring Framework 中的 applicationContext.xml 文件更新。

```
<?xml version="1.0" encoding="UTF-8"?>
<web-app version="3.0" xmlns=http://java.sun.com/xml/ns/javaee
    xmlns:xsi="http://www.w3.org/2001/XMLSchema-instance"
    xsi:schemaLocation="http://java.sun.com/xml/ns/javaee
    http://java.sun.com/xml/ns/javaee/web-app_3_0.xsd">
    <display-name>Demo - RESTful Web Application</display-name>

    <listener>
        <listener-class>
            org.springframework.web.context.ContextLoaderListener
        </listener-class>
    </listener>
    <context-param>
        <param-name>contextConfigLocation</param-name>
        <param-value>
            classpath:spring/applicationContext.xml
        </param-value>
    </context-param>
  <servlet>
            <servlet-name>Jersey REST Service</servlet-name>
            <servlet-class>org.glassfish.jersey.servlet.
            ServletContainer</servlet-class>
            <init-param>
                <param-name>jersey.config.server.provider.packages
                </param-name>
                <param-value>com.rest</param-value>
            </init-param>

        <load-on-startup>1</load-on-startup>

  </servlet>

<servlet-mapping>
    <servlet-name>Jersey REST Service</servlet-name>
    <url-pattern>/rest/*</url-pattern>
</servlet-mapping>

</web-app>
```

applicationContext

applicationContext.xml 在 PodcastResource 类中注入 PodcastService。

```
<beans xmlns="http://www.springframework.org/schema/beans"
  xmlns:xsi="http://www.w3.org/2001/XMLSchema-instance"
  xmlns:context="http://www.springframework.org/schema/context"
  xsi:schemaLocation="http://www.springframework.org/schema/beans
  http://www.springframework.org/schema/beans/spring-beans-3.0.xsd
  http://www.springframework.org/schema/context
  http://www.springframework.org/schema/context/
  spring-context-3.0.xsd">

  <context:component-scan base-package="com.rest.*" />

    <bean id="podcastService"
             class="com.rest.service.PodcastServiceImpl" />
</beans>
```

Podcast 域对象

这是一个定义 podcast 属性的 POJO 类。

```
package com.rest.domain;
import javax.xml.bind.annotation.XmlRootElement;
import javax.xml.bind.annotation.XmlElement;

@SuppressWarnings("restriction")
@XmlRootElement(name="podcast")
public class Podcast {
   @XmlElement public int id;
   @XmlElement public String link;
   @XmlElement public String feed;
   @XmlElement public String title;
   @XmlElement public String description;
   @XmlElement public String insertionDate;
}
```

PodcastResource

在 PodcastResource 类中，我们实现了 podcast 的 CRUD 操作，以及根据标题字段搜索 podcast 的新方法。使用@Autowired 注解，将实现搜索逻辑的 PodcastService 实例注入 podcastResource 类中。

```
@Path("podcasts")
public class PodcastResource {

    @Autowired
    PodcastService podcastService;

    @POST
    @Consumes("application/json")
    @Produces("application/json")
    public Podcast createPodcast(Podcast podcast) {

        podcastService.createPodcast(podcast);
        return podcast;
    }

    @GET
    @Path("{id}")
    @Consumes("application/json")
    @Produces("application/json")
    public Podcast getPodcast(@PathParam("id") int id) throws
    NotFoundException {
      Podcast podcast = podcastService.getPodcast(id);
        return podcast;
    }

    @GET
    @Consumes("application/json")
    @Produces("application/json")
    public List<Podcast> getPodcasts(@QueryParam("title")
    String title) {
      List<Podcast> podcasts = podcastService.getPodcasts(title);
```

```
        return podcasts;
    }

    @PUT
    @Path("{id}")
    @Consumes("application/json")
    @Produces("application/json")
    public void updatePodcast(@PathParam("id") int id,
    Podcast update) {
      podcastService.updatePodcast(id, update);
    }

    @DELETE
    @Path("{id}")
    @Consumes("application/json")
    @Produces("application/json")
    public void deletePodcast(@PathParam("id") int id)
      { podcastService.deletePodcast(id);
    }
```

PodcastService

这是一个关于 podcast 的接口，它具有支持 podcast 域对象的所有方法的签名。

```
public interface PodcastService {
    public Podcast getPodcast(int id) throws NotFoundException;
    public void createPodcast(Podcast podcast);
    public void updatePodcast(int id, Podcast update);
    public void deletePodcast(int id);
    public List<Podcast> getPodcasts(String title);
}
```

PodcastServiceImpl

这个类实现了在标题上搜索 podcast 的逻辑。此外在 podcast 的内存数据库中执行的 CRUD 操作的所有方法实现都移到此处。

```
public class PodcastServiceImpl implements PodcastService {

    static private Map<Integer, Podcast> podcastDB = new
    ConcurrentHashMap<Integer, Podcast>();
    static private AtomicInteger idCounter = new AtomicInteger();
    // get podcast by id
    public Podcast getPodcast(int id) throws NotFoundException
        { Podcast podcast = podcastDB.get(id);
        if (podcast == null) {
            ErrorMessage errorMessage = new ErrorMessage
            ("1001", "Podcast not found!", "http://localhost:8080/
            lab3/error.jsp", Response.Status.NOT_FOUND);

            throw new NotFoundException(errorMessage);
        }

    return podcast;
}
// add podcast
public void createPodcast(Podcast podcast) {
    podcast.setId(idCounter.incrementAndGet());
    podcastDB.put(podcast.getId(), podcast);

}
// update podcast
public void updatePodcast(int id, Podcast update){

    Podcast current = podcastDB.get(id);

        current.setDescription(update.getDescription());
        current.setTitle(update.getTitle());
        current.setFeed(update.getFeed());
        current.setLink(update.getLink());

        podcastDB.put(current.getId(), current);
    }

// Delete podcast
```

```
public void deletePodcast(int id) {

    Podcast current = podcastDB.remove(id);
}
// Search podcast
public List<Podcast> getPodcasts(String title) {
        List<Podcast> podcastList = new ArrayList<Podcast>
                                    (podcastDB.values());
        List<Podcast> titleMatchedList = new ArrayList<Podcast>();

        for(int i = 0; i < podcastList.size(); i++)
        {
           Podcast podcast = podcastList.get(i);
            if ( podcast.getTitle().contains(title) )
               titleMatchedList.add(podcast);
        }
        return titleMatchedList;
    }
}
```

POSTMAN 中的结果

图 5-3 显示了 POSTMAN 中的所有 podcast URL 和结果。

图 5-3　所有 podcast

现在让我们按标题搜索 podcast，如图 5-4 所示。

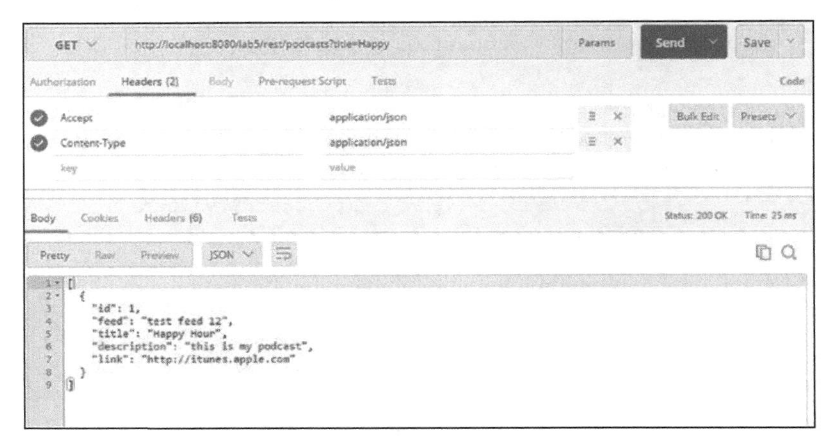

图 5-4　按标题搜索的 podcast

第 6 章

API 平台和数据处理器

本章首先介绍 API 平台架构，然后介绍数据处理器模式，接着阐述一个 RESTful API 与企业实际数据源集成的案例，因为这对于 API 消费者来说更有实际意义。

6.1 API 平台架构

API 提供者使用 API 平台来高效地实现 API。在讨论正式内容之前，我们先回顾以下内容：

- 我们为什么需要 API 平台？
- 什么是 API 平台？
- API 平台需要具备哪些功能？
- API 平台是如何组织的？什么是 API 平台的架构？
- API 架构如何适应围绕企业的技术架构？

6.1.1 我们为什么需要 API 平台

众所周知，在没有任何平台或框架的基础上构建 API 在技术上完全可行。但为什么大家不这么做呢？不妨让我们考虑数据库的场景，其实数据库为应用提供了一个平台。你当然可在没有数据库的情况下构建应用，但前提是你需要自行编写数据存储类库。然而我们通常不会这么做，我们会将现有数据库作为一个平台使用。这种最佳实践的来源有多种。它使得我们可专注于构建服务在企业级场景的应用，因为我们能重用现有的、经过验证的组件，从而快速构建应用。同样，这个观点也适用于API平台：API平台通过重用现有的、经过验证的API构建模块，能让我们专注于构建消费者所关心的API，从而取得快速构建API的效果。

6.1.2 什么是 API 平台

一个API平台主要是由以下三个组件组成：

- API 开发平台
  - 它提供了一些快速设计和开发API的工具。
  - 它提供了一些经验证的、可重用的和可配置的构建模块。
- API 运行时平台
  - 它主要负责执行API。
  - 它负责对消费者传入的API请求提供一些非功能属性的API响应，比如高吞吐量和低延迟等。
- API 协作平台
  - 它允许API提供者管理与API消费者之间的交互，它为消费者提供了API文档、凭据以及资费计划等。

6.1.3 API 平台需要具备的功能

以下是API平台的三个组件提供的功能。

1. API 开发平台

API开发平台为API开发人员提供了一个API设计和开发工具箱，以便API开发人员使用。工具箱包括很多API构建模块，这些构建模块都是经过验证的、可重用的和可配置的。在构建API时，需要反复用到某些功能，这些可通过构建模块来完成。构建模块是可重用的，而且经过严格的测试验证，因此基本不存在bug。构建模块同样是可配置的，它们可用于许多目的和场景。由API开发平台提供的构建模块至少包含以下功能：

- 处理HTTP请求和响应
- HTTP头部

- 查询
- HTTP 状态码
- 方法
- 安全：基于 IP 的访问限制、基于位置的访问限制、基于时间的访问限制、前端身份验证和授权、OAuth、基本授权、API 密钥、后端身份验证和授权(使用 LDAP、SAML)等。
- 前端协议：HTTP(REST)、SOAP、RPC、RMI
- 数据格式转换：XML 到 JSON 以及 JSON 到 XML
- 结构转换：XLST、XPATH
- 数据完整性和保护：加密
- 路由到一个或多个后端
- 多个 API 或多个后端的聚合
- 后端调用速度和吞吐量限制的调节保护
- 对 API 平台的传入请求和向后端转发的请求执行负载均衡
- 日志的钩子(Hook)
- 分析的钩子
- 盈利能力
- 支持实现 API 的语言：Java、Javascript 等(jersey、restlet、Spring)
- 提供用于 API 开发时编辑、调试和部署的 IDE 工具：Eclipse、jdeveloper 和 NetBeans
- 支持 API 设计的语言：YAML、RAML 等
- 创建 API 接口设计的工具：RAML、Swager、Blueprint
- 基于设计自动生成文档和 API 代码框架的工具：RAML，Swagger

2. API 运行时平台

API 运行时平台主要是执行 API，它使得 API 能接收来自 API 消费者的传入请求并提供响应。

- 它应该提供以下非功能属性：高可用、高安全性、高吞吐量
    - 为满足上述这些属性，平台需要提供：
        - 负载均衡

    - 连接池
    - 缓存机制
- 还应提供 API 监控、日志记录和分析功能，以检查上述所需的非功能属性是否得以满足。

3. API 协作平台

API 协作平台主要由 API 提供者使用，用来与其社区的 API 消费者进行交互。API 提供者主要使用 API 协作平台的以下功能：

- API 管理：不需要部署的 API 配置和重新配置
- API 发现：客户端获取有关 API 信息的机制
- 消费者接入：应用密钥生成、API 控制台
- 社区管理：博客
- 文档
- 版本管理
- 盈利管理和服务级别的 SLA

API 消费者使用协作平台实现以下功能：

- API 组合的概览
- API 文档
- 可交互式尝试使用 API
- 用于集成示例源码：
    - 通过自服务访问 API 示例
    - 客户端工具，如客户端的代码生成

6.1.4 API 平台是如何组织的，什么是 API 平台的架构

通常，API 不仅部署在生产系统上，而且需要在不断成熟的各个阶段部署，这些阶段有时称为“环境”。每个环境都有特定目的，并与其他环境分离，以便隔离潜在的错误和风险。

模拟环境：用于匹配接口设计，提供对 API 的 mock 或模拟；

开发环境：用于开发，最终将用于生产；

测试环境：用于手动黑盒测试和集成测试；

预生产环境：作为生产环境和测试验收的预先实践；

生产环境：提供给消费者的真实系统。

如图 6-1 所示，API 开发平台用于设计和开发，API 运行时平台用于部署，API 协作平台用于发布 API。

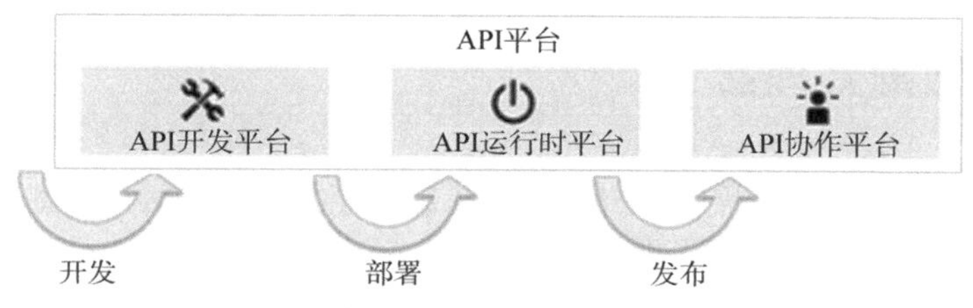

图 6-1　API 平台架构

6.1.5　API 架构如何适应围绕企业的技术架构

API 平台并非孤立，它需要集成在企业现有的架构中。企业通常使用防火墙来提高系统安全性，使用负载均衡器来提升系统性能，并且这些负载均衡器通常放在互联网和 API 平台之间。另外，企业使用 IAM(身份验证和访问控制)系统来管理身份信息和 LDAP 或者 Active Directory，如图 6-2 所示。

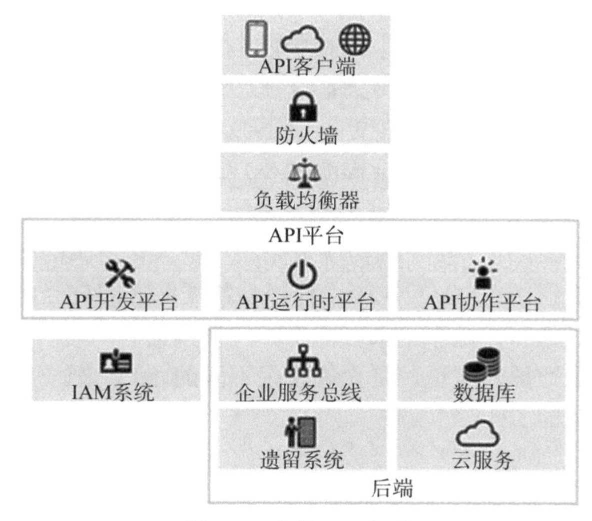

图 6-2　企业 API 架构

需要说明一下提供企业级核心功能的后端系统：企业级核心的数据和服务通常以后端系统形式驻留在后台，后端系统可以是数据库、应用、企业服务总线、使用 SOAP 的 Web 服务、消息队列和 REST 服务等。

6.2 数据处理器

如上一节所述，我们使用现有的数据库作为一个平台。其中数据处理器(Data Handler)、数据访问对象(DAO)或者命令查询职责分离(Command Query Responsibility Segment，CQRS)模式都为某种数据库或其他持久化机制提供了访问的抽象接口。其中数据处理器可看成框架中的数据处理层，数据访问对象(DAO)则是用来实现数据处理器对数据库访问的一种设计模式。另一方面，CQRS 模式则提供了一种分离数据处理器中的查询和修改数据的机制。

6.2.1 数据访问对象(DAO)

通过将应用程序的调用映射到持久化层，DAO 提供了一些特定的数据操作接口，而不必公开数据库的具体细节。使用 DAO 的优势就是相对简单，DAO 很好地隔离了业务逻辑和持久化逻辑这两个应用程序的重要组成部分，使得二者可频繁且独立地演化。对业务逻辑来说，只要依赖的 DAO 接口不发生变更，保证 DAO 接口的实现是正确的，那么对持久化逻辑的修改就不会影响 DAO 的使用方。所有存储细节对于除 DAO 外的应用程序部分都是不可见的(参见“信息隐藏”)。因此我们可通过只修改 DAO 接口的实现来完成对持久化逻辑的变更，而不影响应用程序的调用。DAO 在应用程序和数据库之间充当媒介的角色，负责在业务对象和数据库记录之间来回转换数据。

另外对于数据库来说，是允许使用不同的 API 来访问的(例如通常在类库中使用的 JPA)。

6.2.2 命令查询职责分离(CQRS)

我们每天都在向 IT 部门提出新需求，以提供敏捷的、高性能集成的移动和 Web 应用。同时，随着 REST、NoSQL 和云计算等新技术的出现，技术领域日益复杂，而现有技术(如 SOAP、SQL)仍是主导日常工作的力量。然而 NoSQL 等技术并非要完全取代原有的 SQL，而是在数据存储和格式方面实现与 SQL 的差异化共存。然而，这种集成也给架构设计和实现增加了一层复杂性。接下来将讨论这些内容。

1. SQL 开发流程

应用开发的生命周期主要分为几个阶段：首先是对于数据库模式的修改，其次是数据绑定和内部模式映射，再次是 SOAP 或 JSON 的服务提供，最后是客户端代码开发等。然而这些都是需要花费整个项目的时间和金钱的。当然我们也可以理解成，为修改数据库模型，我们也需要修改“代码”和业务逻辑的过程。图 6-3 展示了传统的 CRUD 模式架构。

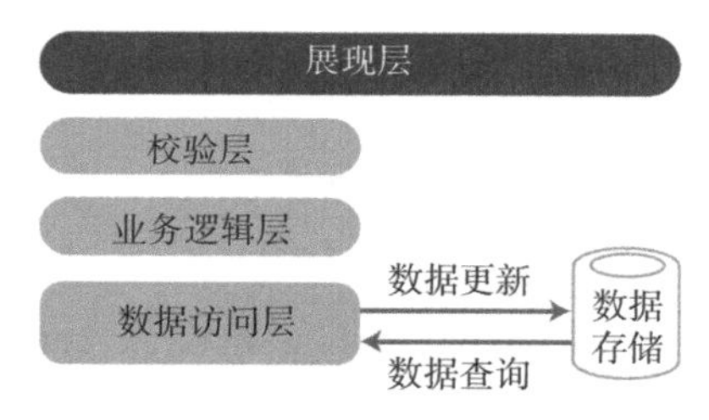

图 6-3　传统的 CRUD 模式架构

2. NoSQL 开发流程

NoSQL 能在众多 SQL 技术中脱颖而出，离不开其低成本、非结构化数据处理能力、可扩展性和高性能等诸多特点。对于数据库技术人员来说，他们首先注意到的就是 NoSQL 没有模式的概念。NoSQL 文档式的存储引擎可处理大量的结构化、半结构化以及非结构化数据。其实弱模式文档的本质就是允许对文档结构进行任意修改，而不必经历正式的变更管理流程(或通过数据架构师来修改)。

3. 必须在 SQL 和 NoSQL 之间做出选择吗？

其实不然，SQL 和 NoSQL 都拥有自己的一席之地，主要取决于各自适用的数据类型场景：SQL 适于处理结构化数据而 NoSQL 适于处理非结构化数据。NoSQL 的数据库比 SQL 的数据库具有更好的可扩展性。所以为什么不干脆让应用程序自由地混合和匹配这些数据呢？通过在

SQL 和 NoSQL 的数据库之间创建单个 REST API 就可以实现这一目的。

4. 为什么是单个 REST API？

答案显而易见：新的敏捷化和移动化世界需要将此类“混搭”数据转换成文档式 JSON 响应。

Martin Fowler 将这一模式称为 CQRS，现在看来将该模式视为服务器、数据、服务和连接的“多语言使用者”更贴切(见图 6-4)。

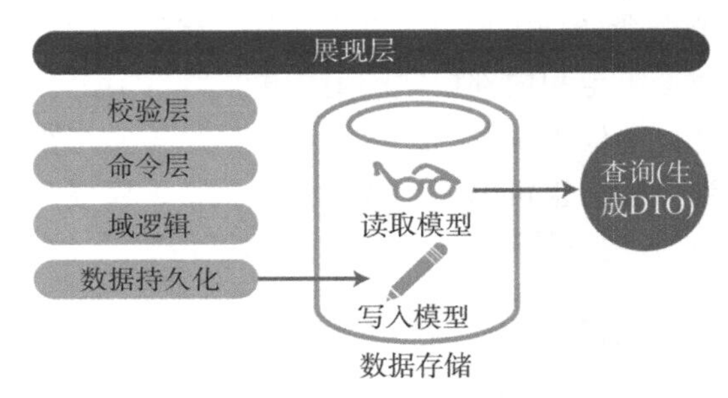

图 6-4　CQRS 模式架构

在这种设计模式中，REST API 请求会从多个来源(比如：“混搭”数据)返回文档。在更新过程中，数据将受到业务逻辑转发、校验、事件处理和数据库事务的约束。然后这些数据可通过异步事件的方式推送到 NoSQL 中。相对于 SQL 而言，NoSQL 类的数据库的优势在于，NoSQL 数据库具有非结构化数据的动态模式。此外，NoSQL 数据库是支持水平伸缩的，这意味着 NoSQL 数据库可简单地通过增加资源池中的数据库服务器来减少负载。而 SQL 数据库只能通过升级托管数据库的服务器的配置进行扩展。图 6-5 显示了具有读写分离存储的 CQRS 模式架构。当你拥有海量数据的存储要求时，可选择单独存储。

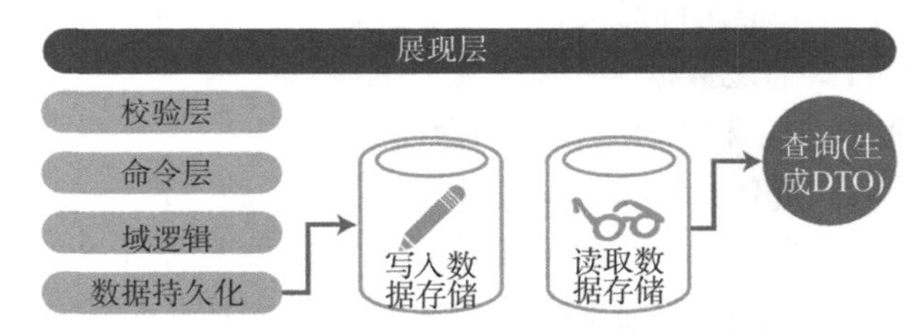

图 6-5　具有读写分离存储的命令查询职责分离 (CQRS)模式架构

框架——数据处理器

本练习将使用 Java 持久性 API(JPA)为播客域对象实现数据处理器(Data Handler)或 DAO。JPA 是一个 Java 标准规范，用于访问、持久化和管理 Java 对象/类和关系型数据库之间的数据。我们将使用域对象播客，并在 DAO 中使用 JPA 实现 CRUD 的操作。

```
Database Setup

Install MySql

mysql -u root -p
Password:
```

如果不喜欢使用命令行创建用户 rest_demo，可使用 MySQL workbench 工具。

```
create user 'rest_demo'@'localhost' identified by 'rest_demo';
Grant priviledges

grant all privileges on *.* to 'rest_demo'@'localhost';
Create database
    create database rest_demo;
Create table
use rest_demo;

CREATE TABLE `podcasts`

(`id` bigint(20) NOT NULL AUTO_INCREMENT,
`title` varchar(145) NOT NULL,
`feed` varchar(145) NOT NULL,
`insertion_date` datetime NOT NULL DEFAULT CURRENT_TIMESTAMP,
`description` varchar(500) DEFAULT NULL,
`link` varchar(145) DEFAULT NULL,
PRIMARY KEY (`id`), UNIQUE KEY `title_UNIQUE` (`title`)
)
```

POM.XML 更新

表 6-1 显示 Maven 项目依赖。

表 6-1　Maven 项目依赖

项目	依赖	版本	描述
javax.persistence	persistence-api	1.0	Java 持久性 API
org.eclipse.persistence	org.eclipse.persistence.jpa	2.1.1	JPA 的 Eclipse 项目

applicationContext.xml 更新：

```
<bean id="podcastService"
        class="com.rest.service.PodcastServiceImpl" />
```

resources/META-INF/persistence.xml

其中 persistence.xml 文件显示如下：

```
<?xml version="1.0" encoding="UTF-8" ?>
<persistence xmlns:xsi="http://www.w3.org/2001/XMLSchema-instance"
 xsi:schemaLocation="http://java.sun.com/xml/ns/persistence
 http://java.sun.com/xml/ns/persistence/persistence_2_0.xsd"
 version="2.0" xmlns="http://java.sun.com/xml/ns/persistence">
 <persistence-unit name="Podcast" transaction-type=
 "RESOURCE_LOCAL">
    <class>com.rest.domain.Podcast</class>
    <properties>
       <property name="javax.persistence.jdbc.driver"
       value="com.mysql.jdbc.Driver" />
          <property name="javax.persistence.jdbc.url"
             value="jdbc:mysql://localhost:3306/rest_demo" />
          <property name="javax.persistence.jdbc.user"
          value="rest_demo" />
          property name="javax.persistence.jdbc.password"
          value="rest_demo" />
       </properties>

    </persistence-unit>

</persistence>
```

播客域对象

Java 持久性 API(JPA)是将业务实体作为关系实体存储的一个来源。它展示了如何将一个面向对象的 Java 对象(POJO)定义为一个实体，以及如何管理具有关系的实体。

```
package com.rest.domain;

import javax.persistence.Entity;
import javax.persistence.GeneratedValue;
import javax.persistence.GenerationType;
import javax.persistence.Id;

import javax.persistence.Table;

@Entity
@Table(name="rest_demo.Podcasts")
public class Podcast {
    // Maps a object property to a XML element derived from property name.
       private int id;
    String title = null;
    String feed = null ;
    String link = null ;
    String description = null;

    @Id
    @GeneratedValue(strategy = GenerationType.IDENTITY)
    public int getId() {
           return id;
    }
    public void setId(int id) {
           this.id = id;
    }
    public String getTitle() {
           return title;
    }
    public void setTitle(String title) {
           this.title = title;
    }
```

```
    public String getFeed() {
            return feed;
    }
    public void setFeed(String feed) {
            this.feed = feed;
    }
    public String getLink() {
            return link;
    }
    public void setLink(String link) {
            this.link = link;
    }
    public String getDescription() {
            return description;
    }
    public void setDescription(String description) {
             this.description = description;
    }

};
```

PodcastResource

Resource 实现了 CRUD 的操作：

```
package com.rest.resource;

import java.util.List;

import javax.ws.rs.Consumes;
import javax.ws.rs.DELETE;
import javax.ws.rs.GET;
import javax.ws.rs.POST;
import javax.ws.rs.PUT;
import javax.ws.rs.Path;
import javax.ws.rs.PathParam;
import javax.ws.rs.Produces;
import javax.ws.rs.QueryParam;
import javax.ws.rs.core.Response;
import org.springframework.beans.factory.annotation.Autowired;
```

```
import com.rest.domain.Podcast;
import com.rest.exception.NotFoundException;
import com.rest.service.PodcastService;

@Path("podcasts")
public class PodcastResource {

   @Autowired
   PodcastService podcastService;

   @POST
   @Consumes({"application/json"})
   @Produces({"application/json"})
   public void createPodcast(Podcast podcast) {

      podcastService.createPodcast(podcast);
   }

   @GET
   @Path("{id}")
   @Consumes({"application/json"})
   @Produces({"application/json"})
   public Podcast getPodcast(@PathParam("id") int id) throws
   NotFoundException {
      Podcast podcast = podcastService.getPodcast(id);
      Return podcast;

   }

   @GET
   @Path("/search")
   @Consumes({"application/json"})
   @Produces({"application/json"})
   public List<Podcast> getPodcasts(@QueryParam("title")
   String title) {
      List<Podcast> podcastList = podcastService.
      getPodcastByTitle(title);

      return podcastList;
```

```
    }

    @DELETE
    @Path("{id}")
    @Consumes({"application/json"})
    @Produces({"application/json"})
    public Podcast deletePodcast(@PathParam("id") int id) {
        Podcast current = podcastService.deletePodcast(id);
        return current;
    }

    @PUT
    @Path("{id}")
    @Consumes({"application/json"})
    @Produces({"application/json"})
    public Podcast updatePodcast(@PathParam("id") int id,
    Podcast update) {
        Podcast current = podcastService.updatePodcast(id, update);
        return current;
    }

    @GET
    @Consumes({"application/json"})
    @Produces({"application/json"})
    public List<Podcast> getAll() {
        List<Podcast> podcastList = podcastService.getAll();

        return podcastList;
    }
}
```

PodcastService

播客服务接口：

```
package com.rest.service;

import java.util.List;
```

```
import com.rest.domain.Podcast;
import com.rest.exception.NotFoundException;

public interface PodcastService {
   public void createPodcast(Podcast podcast);
   public Podcast getPodcast(int id) throws NotFoundException;
   public Podcast deletePodcast(int id);
   public Podcast updatePodcast(int id, Podcast update);
   public List<Podcast> getAll();
     public List<Podcast> getPodcastByTitle(String title);
};
```

PodcastServiceImpl

Podcast Service 将通过 IoC 获取一个 podcastDao 实例，并在这里实现任何业务逻辑。

```
package com.rest.service;

import java.util.List;
import org.springframework.beans.factory.annotation.Autowired;
import com.rest.dao.PodcastDAO; import com.rest.domain.Podcast;
import com.rest.exception.NotFoundException;

public class PodcastServiceImpl implements PodcastService {

   @Autowired
   PodcastDAO podcastDao;

   public void createPodcast(Podcast podcast) {
      podcastDao.createPodcast(podcast);
   }

   public Podcast getPodcast(int id) throws NotFoundException {
      Podcast podcast = podcastDao.getPodcast(id);
      return podcast;
   }

   public Podcast deletePodcast(int id) {
      Podcast current = podcastDao.deletePodcast(id);
```

```
        return current;
    }

    public Podcast updatePodcast(int id, Podcast update) {
        Podcast current = podcastDao.updatePodcast(id, update);
        return current;
    }

    public List<Podcast> getAll() {
        List<Podcast> podcastList = podcastDao.getAll();
        return podcastList;
    }

        public List<Podcast> getPodcastByTitle(String title) {
        List<Podcast> podcastList = podcastDao.getPodcast
        ByTitle(title);
        return podcastList;
    }
}
```

PodcastDAO

播客 DAO 接口：

```
package com.rest.dao;

import java.util.List;

import com.rest.domain.Podcast;
import com.rest.exception.NotFoundException;

public interface PodcastDAO {
    public void createPodcast(Podcast podcast);
    public Podcast getPodcast(int id) throws NotFoundException;
    public Podcast deletePodcast(int id);
    public Podcast updatePodcast(int id, Podcast update);
    public List<Podcast> getAll();
    public List<Podcast> getPodcastByTitle(String title);
}
```

PodcastDAOImpl

PodcastDAOImpl 对象实现了播客域对象的 CRUD 操作，以及使用 JPA 来实现持久化。其中 EntityManagerFactory 是一个 EnitityManager 的工厂类。它负责创建和管理多个 EnitityManager 实例。其实 EnitityManager 是一个接口，负责管理对象的持久化操作。有点类似工厂的查询实例，查询接口由每个 JPA 厂商实现，用来获取符合条件的关系对象。

下面的 PodcastDAO 实现 CRUD 操作，并根据标题字段搜索播客实体：

```
package com.rest.dao;

import java.util.List;

import javax.persistence.EntityManager;
import javax.persistence.EntityManagerFactory;
import javax.persistence.Persistence;
import javax.persistence.Query;

import javax.ws.rs.core.Response;

import com.rest.domain.Podcast;

import com.rest.exception.ErrorMessage;
import com.rest.exception.NotFoundException;
public class PodcastDAOImpl implements PodcastDAO {

    private static final String PERSISTENCE_UNIT_NAME = "Podcast";
    private static EntityManagerFactory factory;

    public void createPodcast(Podcast podcastnew) {
      factory = Persistence.createEntityManagerFactory
       (PERSISTENCE_UNIT_NAME);
       EntityManager em = factory.createEntityManager();
       // Read the existing entries and write to console
       Query q = em.createQuery("SELECT p FROM Podcast p");
```

```
        @SuppressWarnings("unchecked")
          List<Podcast> podcastList = q.getResultList();
        for (Podcast podcast : podcastList) {
          System.out.println(podcast.getTitle());
        }

        // Create new user
        em.getTransaction().begin();
        Podcast podcast = new Podcast();
        podcast.setTitle(podcastnew.getTitle());
        podcast.setDescription(podcastnew.getDescription());
        podcast.setFeed(podcastnew.getFeed());
        podcast.setLink(podcastnew.getLink());
        em.persist(podcast);
        em.getTransaction().commit();
        em.close();
}

public Podcast getPodcast(int id) throws NotFoundException {
          factory = Persistence.createEntityManagerFactory
           (PERSISTENCE_UNIT_NAME);
    EntityManager em = factory.createEntityManager(); Podcast
podcast = em.getReference(Podcast.class, id);
if (podcast == null ) {
          ErrorMessage errorMessage = new ErrorMessage("1001",
          "Podcast not found!", "http://localhost:8080/lab6/
          error.jsp", Response.Status.NOT_FOUND);
              throw new NotFoundException(errorMessage);
}
return podcast;
}

public Podcast deletePodcast(int id) {
          factory = Persistence.createEntityManagerFactory
           (PERSISTENCE_UNIT_NAME);
    EntityManager em = factory.createEntityManager(); Podcast
    podcast = em.find(Podcast.class, id);
    em.getTransaction().begin();
    em.remove(podcast);
    em.getTransaction().commit();
```

```
    return podcast;
}

public Podcast updatePodcast(int id, Podcast update) {
        factory = Persistence.createEntityManagerFactory
         (PERSISTENCE_UNIT_NAME);
    EntityManager em = factory.createEntityManager();
    Podcast podcast = em.find(Podcast.class, id);

    em.getTransaction().begin();
    podcast.setTitle(update.getTitle());
    podcast.setDescription(update.getDescription());
    podcast.setFeed(update.getFeed());;
    podcast.setLink(update.getLink());;
    em.getTransaction().commit();
    return podcast;

}
// get all
        @SuppressWarnings("unchecked")
        public List<Podcast> getAll() {
              factory = Persistence.createEntityManagerFactory
              (PERSISTENCE_UNIT_NAME);
        EntityManager em = factory.createEntityManager();
           Query query = em.createQuery("SELECT e FROM Podcast e");
           return (List<Podcast>) query.getResultList();
        }

// get all

        @SuppressWarnings("unchecked")
        public List<Podcast> getPodcastByTitle(String title)
        throws NotFoundException {
             factory = Persistence.createEntityManagerFactory
             (PERSISTENCE_UNIT_NAME);
        EntityManager em = factory.createEntityManager();

             return (List<Podcast>) em.createQuery(
                "SELECT p FROM Podcast p WHERE p.title
```

```
                    LIKE :title")
                    .setParameter("title", title)
                    .setMaxResults(10)
                    .getResultList();
        }
```

现在让我们来看 MySQL 中的播客记录，以及通过 POSTMAN 发送 REST 请求获取的数据，二者的对比如图 6-6 和图 6-7 所示。

```
Welcome to the MySQL monitor.  Commands end with ; or \g.
Your MySQL connection id is 22
Server version: 5.7.16 MySQL Community Server (GPL)

Copyright (c) 2000, 2016, Oracle and/or its affiliates. All rights reserved.

Oracle is a registered trademark of Oracle Corporation and/or its
affiliates. Other names may be trademarks of their respective
owners.

Type 'help;' or '\h' for help. Type '\c' to clear the current input statement.

mysql> use rest_demo
Reading table information for completion of table and column names
You can turn off this feature to get a quicker startup with -A

Database changed
mysql> select * from Podcasts;
+----+---------+--------+---------+---------------------+-------------+--------+
| id | login   | title  | feed    | insertion_date      | description | link   |
+----+---------+--------+---------+---------------------+-------------+--------+
|  1 | sapatni | test 1 | bug.gif | 2016-11-20 16:21:58 | desc 1      | link 1 |
|  4 | sapatni | test 7 | feed 7  | 2016-12-18 18:07:10 | desc 1      | link 1 |
+----+---------+--------+---------+---------------------+-------------+--------+
2 rows in set (0.00 sec)
```

图 6-6　MySQL 数据库中的播客数据

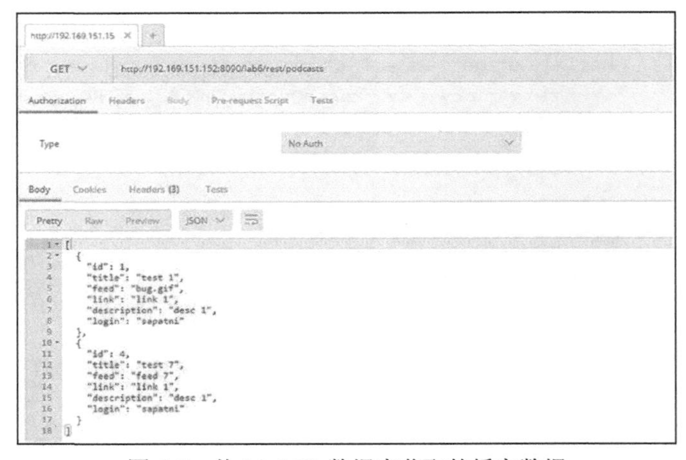

图 6-7　从 MySQL 数据库获取的播客数据

6.3　小结

本章首先分析 API 平台架构，然后介绍数据处理器模式，并完成了 RESTful API 与实际数据源的集成。在练习中，我们演示了如何使用 JPA 来实现数据处理器。

备注：

如果你在 Eclipse 中因为 Eclipse persistence provider 运行 JPA 遇到问题，可使用 Maven 在 Eclipse 外进行应用构建并在 Tomcat 中部署。

第 7 章

API 管理和 API 客户端

本章将从外观模式开始，介绍 API 管理的要求或解决方案。然后将继续使用框架构建演示客户端，对播客应用的 RESTful API 进行调用，最后介绍客户端需要如何做才能获得 CORS(Cross Origin Resource Sharing，跨源资源共享)的支持。

7.1 外观

本节将首先介绍外观(Facade)设计模式，然后在第二部分详细介绍如何将外观模式应用于 API。

7.1.1 外观模式

在讨论外观模式之前，先考虑一下真实世界中的外观是什么样的。最明显的例子就是建筑物，它们都有一个用来保护和装饰的外墙，从而隐藏内部的具体细节。这种外墙就是外观。

现在可通过操作系统来进一步了解 API。就像在建筑物中一样，操作系统为计算机的内部功能提供了一个外部 Shell。这种简化的接口使得操作系统更易于使用，并保护操作系统核心免受用户不当操作的影响。

以下是 *On Design Patterns* 对外观模式的定义：

为子系统中的一组接口提供统一接口，外观定义了一个更高级的接口，使子系统更容易使用。

从图 7-1 中可以看到，外观模式在应用程序的包和任何希望与它们交互的客户端之间放置了一个中间层。

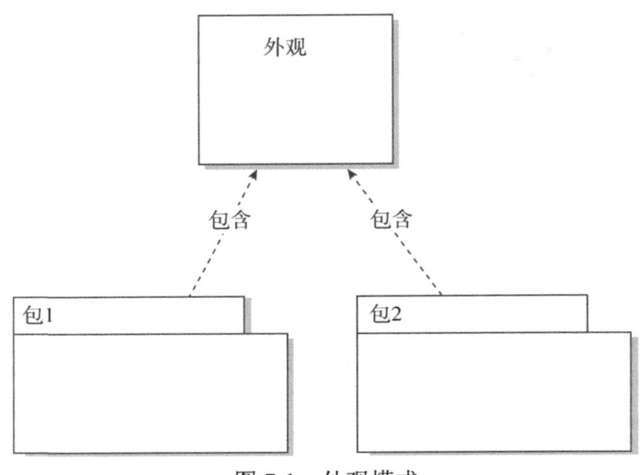

图 7-1　外观模式

7.1.2　API 外观

与外观模式的所有实现一样，API 外观其实是一个复杂问题的简单接口。图 7-2 显示了企业中的各个内部子系统。如图所示，每个内部子系统本身都非常复杂：比如 JDBC 隐藏了与数据库连接的内部实现。

图 7-2　内部子系统

图 7-3 显示了一个位于企业内部子系统顶层的 API 外观层，它为应用提供了统一接口。

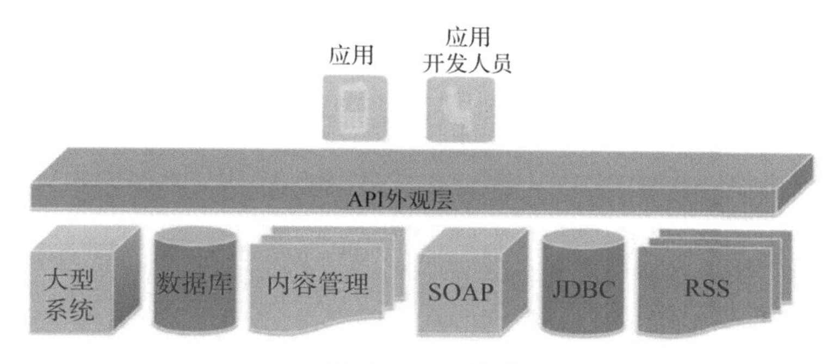

图 7-3　API 外观

实现一个 API 外观模式包含以下三个基本步骤：

(1) 设计 API。确定 URL、请求参数和响应、有效负载、头部、查询参数等。

(2) 使用模拟数据实现 API 设计。应用开发人员可在 API 连接到内部子系统之前测试 API，包括所有需要的复杂场景。

(3) API 外观层与内部子系统建立连接，从而使得 API 真正可用。图 7-4 展示了这几层。

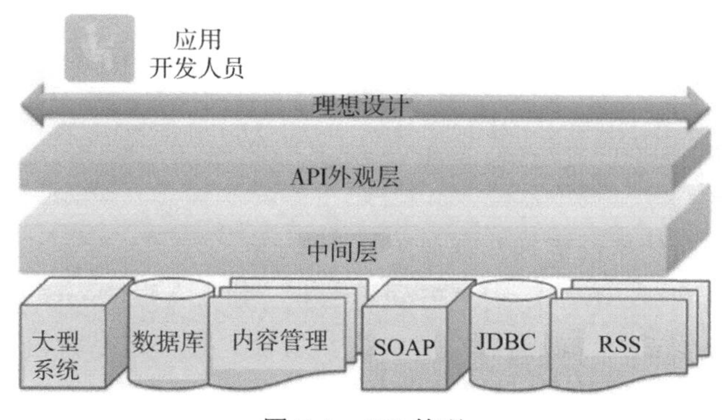

图 7-4　API 外观

7.2　API 管理

API 管理工具提供了一种简单的低成本方法，将 API 公开给外部开发人员。

以下是 API 管理服务的一些特性：

- 文档
- 分析和统计
- 部署
- 开发人员参与度
- 沙箱环境
- 流量管理和缓存能力
- 安全性
- 可用性
- 盈利
- API 生命周期管理
- API 管理供应商以三种不同方式实施解决方案：
  - Proxy：所有流量都通过 API 管理工具，它作为应用程序和用户之间的代理层；
  - Agents：以服务器插件形式提供，不像 Proxy 一样拦截 API 调用。
  - Hybrid：这种方案集成了 Proxy 和 Agents 的某些特性，你可以选择所需功能。

7.2.1 API 生命周期

API 默认的生命周期包括以下几个阶段：

分析阶段(analysis)：对 API 进行分析，并为有限的一组消费者创建模拟响应来尝试与 API 进行交互并提供反馈。另外包括对盈利的分析，下一节将继续讨论盈利问题。

创建/开发阶段(created/development)：正在创建 API：设计、开发和保护。API 的元数据将被保存，仍然不可见，也没有正式部署。

发布/操作阶段 (published/operations)：API 开始可见并最终被发布。目前已进入扩展和监控的维护阶段。

另外还有两个阶段：

废弃阶段(deprecated)：API 仍在部署(在运行时提供给现有用户使用)，但对新用户不可见。当发布新版本时，该 API 将自动废弃。

已下线阶段(retired)：API 未发布或已被删除。

下一节将讨论这些问题。

图 7-5 显示了一个 API 的生命周期。

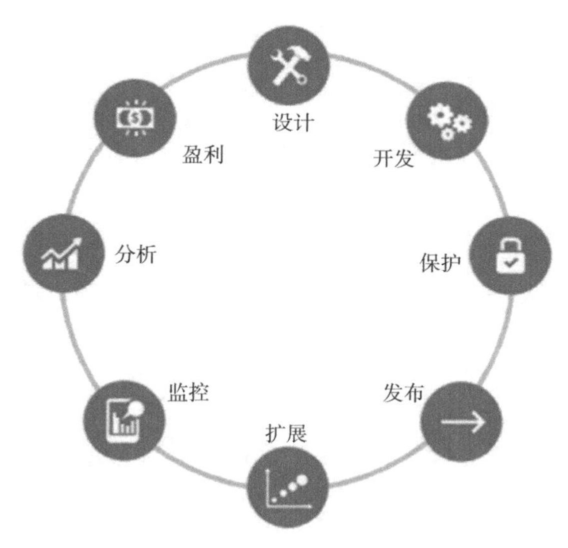

图 7-5　API 生命周期

7.2.2　API 下线

正如随着年龄的增长我们会退休一样，API 也是如此。随着时间的推移，API 会由于各种原因被下线或废弃：

- 缺少合作伙伴或第三方开发人员的创新；
- 由于 API 公开数据而导致市场份额损失；
- 技术栈的变更：如使用 REST 替代 SOAP；
- 安全性关注：出于对 API 公开的信息或数据的安全性要求，需要将公共 API 私有化；
- 版本控制：最常见的原因是功能变更；

API 下线的典型例子包括 Netflix、Google earth 和 Twitter V1.0 等。

7.2.3 API 盈利

数字资产或服务为客户、合作伙伴以及最终用户提供了真正的价值，因此它们也应该是你公司的收入来源，同时也是公司业务模型的重要部分。

目前存在三类 API 盈利业务模型：

- **收入共享模型**。API 消费者在增值业务的收入，实现与 API 提供者同步共享；
- **基于费用的模型**。API 消费者向 API 提供者支付 API 使用费；
- **免费增值的商业模型**。免费增值模型可基于各种因素，例如容量、时间或某种组合；它们可作为独立模型或混合模型(与收入共享模型或基于费用的模型混合)一起实施。

练习-API 客户端和 CORS

API 客户端

发布一个 REST API 后，还需要提供一个实现了 API 操作的演示客户端应用来展示 API 的用法。

客户端可以是任何 JavaScript、Ajax、JQuery 或者 AngularJS，甚至可以是 Object-C 编写的原生移动 IOS 应用等。

在这个练习中，我们将使用 bootstrap 的样式表(基于 Admin 和 AngularJS 请求)从服务器获取数据并在 UI 中绑定展现这些数据，如图 7-6 所示。

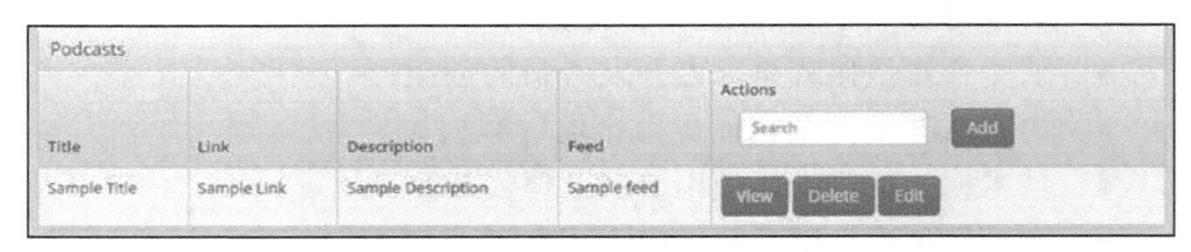

图 7-6　从服务器获取数据并在 UI 中绑定展现这些数据

这个 UI 能实现 CRUD 的各类操作，如下：

播客(Podcasts)集合：将使用 GET podcasts 来加载播客集合；

播客集合(Add)：Add 按钮将调用一个表单来捕获通过 POST podcasts 发布的详细信息，并添加到集合中。

Podcast(View)：View 按钮将调用 GET podcasts/{id}来获取播客的详细信息。

Podcast(Delete)：Delete 按钮将通过调用 DELETE podecasts/{id}来删除集合中某个播客。

Podcast(Edit)：Edit 按钮将调用一个加载当前值的表单，并使用 PUT podcasts/{id}来更新播客信息。

可从 apress 站点的源代码文件夹中获取 bootstrap css 和 podcast.html，并将 podcast.html 中的这些 AngularJS 调用集成到测试的演示程序中。

获取所有播客

```
var app = angular.module('app', []);

angular.module('app').controller("PodcastController",['$scope',
'$http', '$window', function($scope, $http, $window){
    $scope.podcast = {};

    $scope.getPodcasts = function() {
            url = "http://localhost:8080/lab7/rest/podcasts";
            $http({method: 'GET', url: url}).
                success(function(data, status, headers,
                config) {
                    $scope.podcastsList = data;
                }).
                error(function(data, status, headers,
                config) {
                    $scope.apps = data || "Request
                    failed";
                    $scope.status = status;
                });
            };
```

查看播客

```
$scope.viewPodcast = function(id) {

            url = "http://localhost:8080/lab7/rest/
            podcasts/" + id ;
            console.log(url);
            $http({method: 'GET', url: url}).
            success(function(data, status, headers,
            config) {
                $scope.podcast = data;
            }).
            error(function(data, status, headers,
            config) {
                $scope.apps = data || "Request
                failed";
                $scope.status = status;
            });
        }
```

删除播客

```
$scope.deletePodcast = function(id) {

        url = "http://localhost:8080/lab7/rest/
        podcasts/" + id ;
        console.log(url);
        $http({method: 'DELETE', url: url}).
        success(function(data, status, headers, config) {
            $scope.podcast = data;
        }).
        error(function(data, status, headers, config) {
            $scope.apps = data || "Request failed";
            $scope.status = status;
        });
        $window.location.reload();
        }

$scope.submitForm = function(){
        $http({
```

```
        method    : 'POST',
        url    : 'http://localhost:8080/lab7/rest/
                podcasts',
        data    : $scope.podcast, //forms podcast
                object
        headers : {'Content-Type': 'application/json'}
      }).
      success(function(data, status, headers, config) {
      $scope.podcast = data;
            }).
         error(function(data, status, headers,
         config) {
               $scope.apps = data || "Request
               failed";
               $scope.status = status;
           });
      $window.location.reload();
  }
```

更新播客

```
$scope.updatePodcast = function(id){
         $http({
            method: 'PUT',
            url    : 'http://localhost:8080/lab7/rest/
                     podcasts/' + id,
            data    : $scope.podcast, //forms podcast
                     object
            headers : {'Content-Type': 'application/json'}
          }).
          success(function(data, status, headers, config) {
                    $scope.podcast = data;
                 }).
                 error(function(data, status, headers,
                 config) {
                     $scope.apps = data || "Request
                     failed";
                     $scope.status = status;
                 });
            $window.location.reload();
   }
```

查询播客

```
$scope.searchPodcast = function(){
            url = "http://localhost:8080/lab7/rest/podcasts/
                    search?title=" + $scope.searchVal;
            console.log(url);
            $http({method: 'GET', url: url}).
            success(function(data, status, headers, config) {
                $scope.podcastsList = data;
            }).
            error(function(data, status, headers, config) {
                $scope.apps = data || "Request failed";
                 $scope.status = status;
            });
    }
}]);
```

跨源资源共享

跨源资源共享(Cross Origin Resource Sharing，CORS)是一种跨域机制，允许在某个 Web 页面的 JavaScript 将 XMLHttpRequest 映射到另一个域，而不是 JavaScript 起源的域。这种“跨域”请求如果根据“相同的来源安全性策略”则会被 Web 浏览器禁止。因此 CORS 重新定义了浏览器和服务器的交互方式，以确定是否允许跨源请求。它比起仅允许相同的源请求更有用，又比简单地允许所有这些跨源请求更安全。跨源资源共享标准是通过添加新的 HTTP 头部来实现的，这些头部代表了服务器描述的一系列已授权来源域集合，这些来源域可通过 Web 浏览器来读取该域信息。

如何实现 CORS？

第一种方式是使用 javax.ws.rs.core.Response 的 header 方法，将 headers 添加到响应中。

```
return Response.ok() //200
.entity(podcasts)
.header("Access-Control-Allow-Origin", "*")
.header("Access-Control-Allow-Methods", "GET, POST, DELETE, PUT")
.allow("OPTIONS").build();
```

另一种方式是使用 Jersey 过滤器，它可以修改入站和出站的请求和响应，包括修改头部、实体和其他请求/响应参数。

我认为第二种方法显然更合适。如果你希望在响应 API 的所有资源时公开相同的 HTTP 头部(这是通过 Jersey 过滤器进行统一的横向拦截实现的功能)，将表现得尤其明显。

```
package com.rest.filter;

import java.io.IOException;

import javax.ws.rs.container.ContainerRequestContext;
import javax.ws.rs.container.ContainerResponseContext;
import javax.ws.rs.container.ContainerResponseFilter;
import javax.ws.rs.core.MultivaluedMap;
import javax.ws.rs.ext.Provider;
@Provider

//Marks an implementation of an extension interface that should
be discoverable by
// JAX-RS runtime during a provider scanning phase.

// Filter intercepts incoming requests and add value
public class CORSResponseFilter implements ContainerResponseFilter {

public void filter(ContainerRequestContext requestContext,
ContainerResponseContext responseContext) throws IOException {

MultivaluedMap<String, Object> headers = responseContext.getHeaders();

headers.add("Access-Control-Allow-Origin", "*");
//headers.add("Access-Control-Allow-Origin", "http://ucsc.com");
//allows CORS requests only coming from apress.org
// alternatively you can maintain list of origin allowed and get orgin
from request and check in list
headers.add("Access-Control-Allow-Methods", "GET, POST, DELETE, PUT");
}
}
```

第 8 章

API 安全性与缓存机制

本章将介绍用于保护 RESTful API 的 OAuth 2 安全标准，并做一个实现了基本的 Spring security 的练习，同时将介绍缓存的相关概念。

8.1 API 安全性-OAuth 2

OAuth 2 是一个授权访问的标准，通过使用 OAuth 协议的 HTTP 访问授权资源，可给移动应用提供访问权限而不需要提供密码。因为响应的令牌被移交给应用本身。一个令牌代表了用于短时间访问范围内数据子集的权限集合。如果需要进一步了解 OAuth 2 的相关信息，请参考 https://oauth.net/2/。

但要获取令牌，用户首先需要登录到 OAuth 服务器的网站生成令牌，生成的令牌可以是授权码、访问令牌或者刷新码。目前大量的云平台访问引擎均采用了 OAuth。

一些 OAuth 协议的提供者详见 https://en.wikipedia.org/wiki/List_of_OAuth_providers。OAuth 由 IETF 制定，并在 RFC6749 中标准化：http://tools.ietf.org/html/rfc6749。目前 OAuth1 已经过时了。

有两个术语需要了解一下：身份验证和授权。

- **身份验证(Authentication)**回答了“你是谁”这个问题；
- **授权(Authorization)** 则回答了“允许你做什么”这个问题。

8.1.1 角色

OAuth2 定义了四种角色：

- **资源拥有者**：一般就是你自己。
- **资源服务器**：托管受保护数据的服务器(比如托管你的个人资料和个人信息的 Google)。
- **客户端**：请求访问资源服务器的应用(它可以是 PHP Web 站点、JavaScript 应用程序或移动应用)。
- **授权服务器**：负责向客户端颁发访问令牌的服务器。此令牌将用于客户端去请求资源服务器。通常情况下，资源服务器可与授权服务器(相同的物理服务器和相同的应用)相同。

8.1.2 令牌

令牌是由授权服务器生成的随机字符串，在客户端请求它们时发出。

一般存在两种类型的令牌：

访问令牌：访问令牌非常重要，因为它允许第三方应用程序访问用户数据。该令牌由客户端作为参数发送，或者作为请求中的 header 发送到资源服务器。它的生存时间有限，由授权服务器定义。另外它必须维持保密性，但这并不是绝对的，尤其是当客户端是一个 Web 浏览器，通过 JavaScript 向资源服务器发送请求时。在一般访问中，令牌被设计为对客户端是不透明的。但当它用作用户身份验证时，客户端就需要能够从令牌中获取一些信息。

刷新令牌：此令牌是随着访问令牌发出的，但与访问令牌不同，它并不在客户端到资源服务器的每个请求中都发送。它仅用于发送到授权服务器，以便在访问令牌过期后续订访问令牌。出于安全原因，并不是所有情况下都能获得此令牌，稍后就能看到这样的情况。

图 8-1 展示 OAuth 基本的交互。

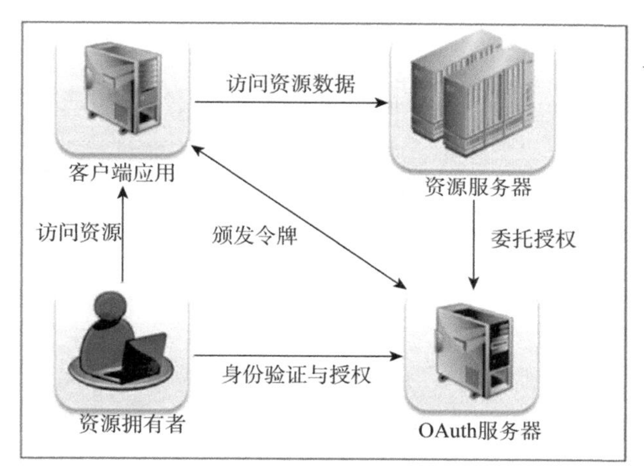

图 8-1　基于 OAuth 交互

8.1.3　注册成客户端

如果你希望使用 OAuth2 从资源服务器上检索数据，就必须注册成为授权服务器的客户端。

每个服务提供者则自由地允许客户端调用它所选择的方法，OAuth 协议仅定义客户端必须指定的参数和由授权服务器返回的参数。

以下是一些相关参数(根据服务提供者的不同，可能有所差异)：

1. 客户端注册

应用名称：应用名称

重定向 URL：用于客户端接收授权码和访问令牌的 URL

授权类型：客户端将用到的授权类型

JavaScript 源(可选)：允许通过 XML HttpRequest 请求资源服务器的主机名

2. 授权服务器响应

客户端 Id：唯一的随机字符串

客户端密钥：必须保密的密钥

更多信息请参考：RFC 6749——客户端注册

8.1.4 授权授予类型

OAuth2 根据参与获取访问令牌的客户端的位置和性质，定义了四种授予类型：

1. 授权码授予

本节将介绍授权码授予及其流程，这种类型的授予目前已用于登录 Google 和 Facebook。

何时用到授权码授予？

当客户端是 Web 服务器或者网站时，就应该使用它。它允许你获得长期的访问令牌，因为它可通过使用刷新令牌进行续订(如果授权服务器支持的话)。

示例：

资源拥有者：你自己

资源服务器：Google 服务器

客户端：任何 Web 站点

授权服务器：Google 服务器

场景：

(1) 一个网站想获取有关你的 Google 配置的信息；

(2) 你被客户端(网站)重定向到授权服务器(Google)；

(3) 如果你授权访问，则授权服务器在回调响应中会向客户端(网站)发送授权码；

(4) 然后，该授权码与客户端和授权服务器之间的访问令牌进行交换；

(5) 网站现在可使用这个访问令牌来查询资源服务器(还是 Google)并检索个人资料数据。

在此期间，你根本看不到访问令牌：它将被网站存储起来(比如存储在 session 中)。另外 Google 会随着访问令牌发送其他一些信息，如令牌的生存时间和最终刷新令牌。

时序图：

图 8-2 展示了授权码授予流程的时序图。

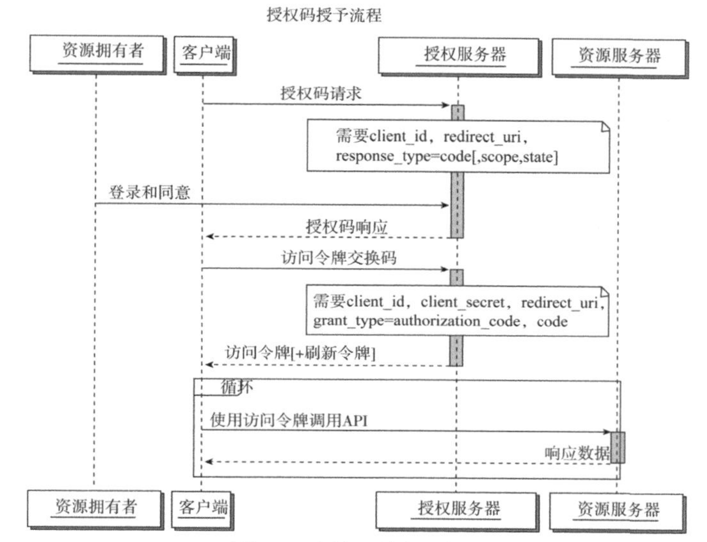

图 8-2　授权码授予流程

8.1.5　隐式授予流程

本节将介绍隐式授予及其流程。

何时用到隐式授予？

当客户端在使用 JavaScript 等脚本语言的浏览器中运行时，通常会用到隐式授予。此类授予不允许颁发刷新令牌。

示例：

资源拥有者： 你自己

资源服务器： Facebook 服务器

客户端： 比如一个使用 AngularJS 的 Web 站点

授权服务器： Facebook 服务器

场景：

(1) 客户端(AngularJS)希望获取有关 Facebook 配置的信息。

(2) 你被浏览器重定向到授权服务器(Facebook)。

(3) 如果授权访问，授权服务器将你重定向到网站，并在 URI 片段中携带访问令牌(而不是发送给 Web 服务器)。回调示例：http://example.com/

oauthcallback#access_token=MzJmNDc3M2VjMmQzN。

(4) 该访问令牌现在可由客户端(AngularJS)检索到并用于查询资源服务器(Facebook)。查询示例见：https://graph.facebook.com/me?access_token =MzJmNDc3M2VjMmQz。

也许你想知道客户端如何使用 JavaScript 来调用 Facebook 的 API，而不会因为“相同的来源安全性策略”被阻止。那是因为 Facebook 在响应中增加了一个名为“访问控制允许源(Access-Control-Allow-Origin)”的头部，才使得跨域请求成为可能。

注意

只有在没有其他类型的授权时，才会使用此类授权。事实上它是最不安全的，因为访问令牌在客户端是公开的(也最容易遭受攻击)。

时序图：

图 8-3 显示了隐式授予流程的时序图。

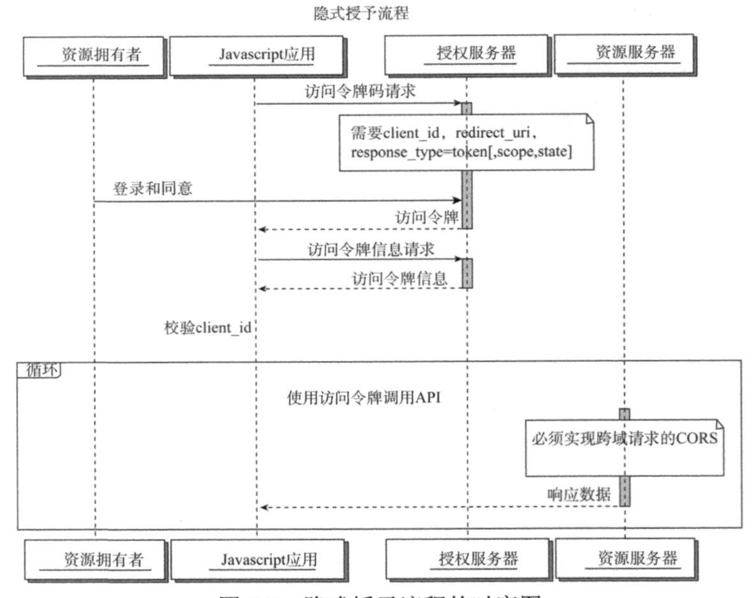

图 8-3　隐式授予流程的时序图

8.1.6　资源拥有者密码凭据授予

本节将介绍资源拥有者密码凭据授予，还将介绍其流程。

何时用到资源拥有者密码凭据授予？

使用这种类型的授权时，凭据(以及密码)需要先发送到客户端，然后发送到授权服务器。因此这两个实体之间必须绝对信任。它主要是在客户端与授权服务器具有相同权限下开发使用。例如可想象一个名为 example.com 的网站，如果发起对自己子域 api.example.com 的受保护资源的访问。这时客户对于需要在 example.com 输入自己的登录账号/密码并不会感到惊讶，因为他的账户就是在 example.com 上创建的。

示例：

资源拥有者：你在 Acme 公司的网站 acme.com 上有一个账户

资源服务器：Acme 公司在 api.acme.com 上公开其 API

客户端：来自 Acme 公司的 acme.com 站点

授权服务器：Acme 服务器

场景：

(1) Acme 公司想为一些第三方应用程序提供一个 RESTful API；

(2) Acme 公司认为直接使用自己的 API 非常方便，不需要重新造轮子；

(3) 公司需要一个访问令牌来调用自己的 API 的方法；

(4) 为此，按照正常情况，Acme 公司要求你通过一个标准的 HTML 表单，输入登录凭据；

(5) 服务器端应用程序(acme.com 站点)将根据来自授权服务器的访问令牌交换凭据(当然，前提是凭据有效)；

(6) 该应用程序现在就可以使用访问令牌来查询自己的资源服务器(api.acme.com)。

时序图

图 8-4 显示了这类流程的时序图。

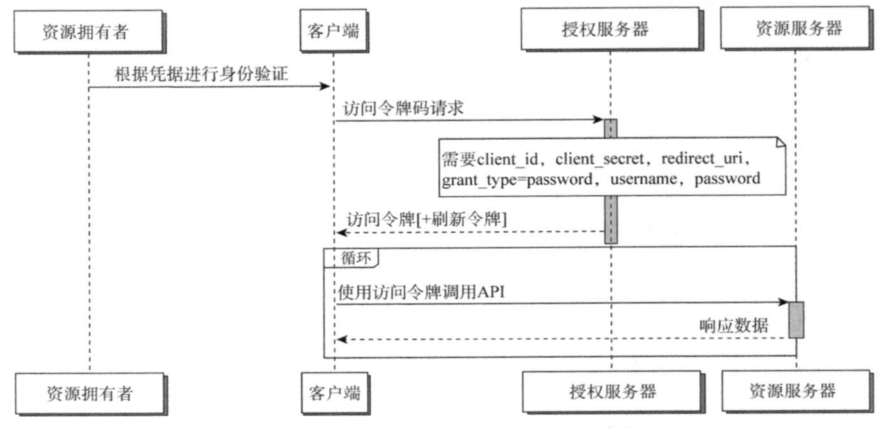

图 8-4　资源拥有者密码凭据授予流程

8.1.7　客户端凭据授予

当客户端本身是资源拥有者时，将使用此类型的授权。这里不存在从最终用户获得的授权。

示例：

资源拥有者： 任何 Web 站点

资源服务器： Google 云存储

客户端： 资源拥有者

授权服务器： Google 服务器

场景：

(1) 一个网站将任意类型的文件存储在 Google 云存储上。

(2) Web 站点必须通过 Google API 检索或修改文件，前提是必须经过授权服务器的身份验证。

(3) 一旦通过身份验证，Web 站点获得一个访问令牌，该令牌可用于查询资源服务器(Google 云存储)。

这里，最终用户不必给出访问资源服务器的授权，如图 8-5 所示。

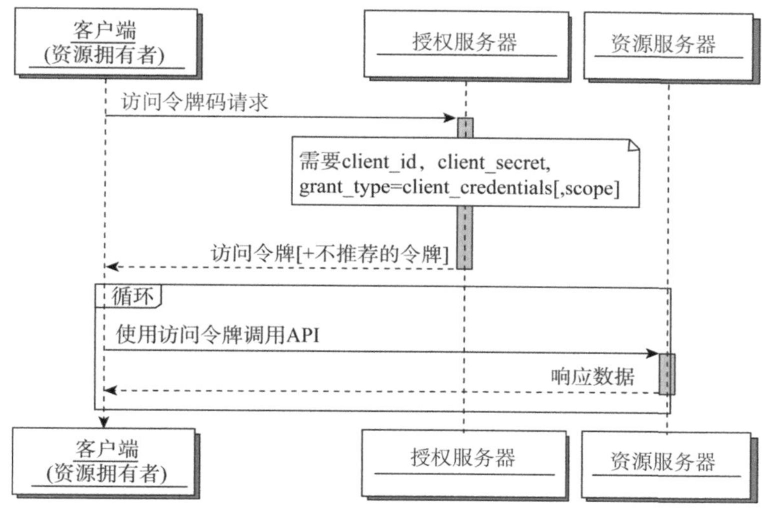

图 8-5　客户端凭据授予流程

8.2　缓存机制

本节将介绍缓存框架。首先讨论框架层面的服务层可用的缓存解决方案，将介绍在 JAX-RS 资源中实现的 HTTP 缓存和客户端的覆盖缓存。我们知道，在跨多层模型的关键之处使用缓存技术可有效减少往返通信的数量。虽然缓存的存储需要内存和 CPU 资源，但使用缓存仍可通过减少昂贵开销(例如数据库访问和 Web 页面执行)来提升总体性能。但如何保证缓存使用新内容并使旧数据失效绝对是一个挑战，在集群环境中保持多个缓存同步更是如此。对象缓存机制通过在内存中存储频繁访问或者高代价创建的对象，可消除重复创建和加载数据的代价。对于高代价创建的对象，它不在使用后立即释放，而将对象存储在内存中，并用于任何后续的客户端请求，这消除了重新获取对象的高代价。HTTP 和 Web 的缓存则用于减少延迟，尽量用更少时间来获得表现形式并展现它。它有效减少了网站服务器的负载，并降低了带宽的需求和成本，这对于用户、服务提供商和网站所有者来说都是有利的。图 8-6 显示了在框架中使用的缓存机制。

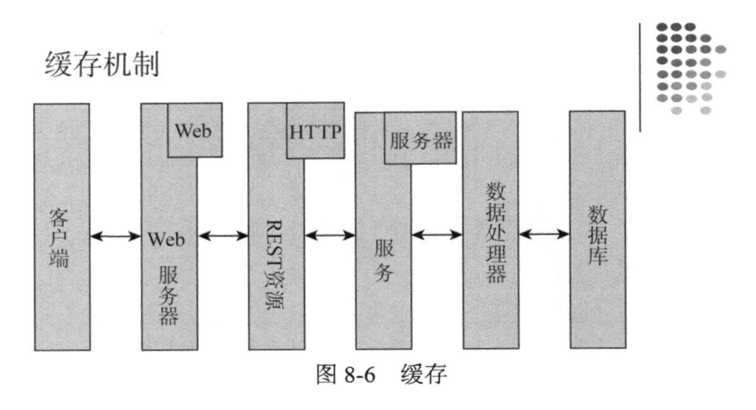

图 8-6　缓存

8.2.1　服务器缓存机制

众所周知，多层架构有助于使复杂的企业级应用更易于管理和扩展。然而随着服务器和层级的数量增加，它们之间的通信也随之增加，而这可能降低总体的应用性能。在大多数 Web 应用中，数据都是从数据库中检索出来的。而数据库的操作的成本是非常高昂且耗时的。当前的 Web 应用基本都是数据密集型的，并且首次响应时间已经成为一个应用成功的基本标准。如果 Web 应用针对每个请求频繁访问数据库，那么其性能将很差。因此在企业级应用中，我们可通过对象缓存机制来缓存对象。它使得应用可跨请求和用户共享对象，并跨流程协调对象的生命周期。目前开源的 Java 缓存框架包括 JBoss Cache、OSCache、Java 缓存系统和 EhCache 等。这些缓存框架克服了使用直接方法(如 Java Hash Map、Hash Table 和 JNDI)的缺点。

8.2.2　HTTP 缓存机制

HTTP 缓存机制是一种可非常简便地加快 Web 应用速度的方法，却往往很容易被忽略。它在所有现代浏览器中都是标准化的并有良好的实现，有助于降低应用延迟，提高响应速度。

1. 基于时间的缓存头

在 HTTP 1.1 中，Cache-Control 头部用于指定资源的缓存行为以及可缓存资源的最长有效时间。

下面列出所有可用的 Cache-Control 令牌及其含义：

- **Private**：只有客户端(主要是浏览器)可以缓存，且访问链中没有其他实体(比如代理)会进行缓存；
- **Public**：访问链中的任何实体都可进行缓存；
- **No-cache**：无论如何都不进行缓存；
- **No-store**：可以缓存，但是不应该存储在磁盘上(大多数浏览器将资源保存在内存中，直到退出为止)；
- **No-transform**：资源不应该修改(如通过代理缩小图像)；
- **Max-age**：资源有效的时间(以秒为单位)；
- **S-maxage**：与 max-age 相同，但该值仅供非客户端使用。

在 JAX-RS 方法中，不仅可返回响应的对象，还可使用 Cache-Control 类在响应对象上设置缓存控制头。

该类为所有可用的缓存控制头提供了相应方法：

```
@Path("/podcasts/{id}")
@GET
    public Response getPodcast(@PathParam("id") int id) { Prodcast
    podcast = podcastDB.get(id);
    CacheControl cc = new CacheControl();
    cc.setMaxAge(86400);
    cc.setPrivate(true);
    ResponseBuilder builder = Response.ok(podcast);
    builder.cacheControl(cc); return builder.build();
}
```

2. 条件缓存头

通过条件请求，浏览器可询问服务器是否具有资源的更新副本。浏览器将发送其中一个或两个头(ETag 和 if-Modified-Since)用于请求它所拥有的缓存资源。然后服务器会确定是应该返回更新后的内容，还是告诉浏览器其副本是最新的。

```
@Path("/podcasts/{id}")
@GET
    public Response getPodcast(@PathParam("id") long id, @Context
Request request){
    Podcast podcast = podcastDB.get(id);
    CacheControl cc = new CacheControl();
    cc.setMaxAge(86400);
    EntityTag  etag  =  new  EntityTag(Integer.toString(podcast.
hashCode()));
    ResponseBuilder builder = request.evaluatePreconditions(etag);
    // podcast did change -> serve updated content
    if(builder == null){
       builder = Response.ok(podcast); builder.tag(etag);
    }
    builder.cacheControl(cc); return builder.build();
}
```

通过评估请求的先决条件，将自动构造一个 ResponseBuilder 生成器。如果生成器为 null，则说明该资源已过期，需要在响应中返回。否则先决条件表明客户端已经具有最新版本的资源，服务端将自动分配状态码 304 (Not Modified，未修改)并返回。

8.2.3 Web 缓存机制

另外可使用 Web 缓存。Web 缓存位于一个或多个 Web 服务器(也称为源服务器)和一个或多个客户端之间，并监视请求的到来，从而保存响应的副本，如 HTML 静态页面、图片和文件(统称为表示层)等。如果同一个 URL 再次请求，就可以直接使用上次保存的响应副本，而不必再次访问源服务器。

练习-基本安全

为使用基本的身份验证来保护 REST 服务，需要在 classpath 上添加 Spring Security 库。可在 pom.xml 中添加以下依赖：

```
<dependency>
      <groupId>org.springframework.security</groupId>
      <artifactId>spring-security-core</artifactId>
```

```
        <version>4.0.4.RELEASE</version>
    </dependency>
    <dependency>

        <groupId>org.springframework.security</groupId>
        <artifactId>spring-security-web</artifactId>
        <version>4.0.4.RELEASE</version>
    </dependency>
    <dependency>

        <groupId>org.springframework.security</groupId>
        <artifactId>spring-security-config</artifactId>
        <version>4.0.4.RELEASE</version>
    </dependency>
```

Spring Security Context

在 src/main/resources/spring 中创建 security-applicationContext.xml 文件。

```
<?xml version="1.0" encoding="UTF-8"?>
<beans:beans xmlns="http://www.springframework.org/schema/security"
   xmlns:beans="http://www.springframework.org/schema/beans"
   xmlns:xsi="http://www.w3.org/2001/XMLSchema-instance"
   xmlns:security="http://www.springframework.org/schema/security"
   xsi:schemaLocation="
     http://www.springframework.org/schema/beans
     http://www.springframework.org/schema/beans/spring-beans.xsd

      http://www.springframework.org/schema/security
      http://www.springframework.org/schema/security/
      spring-security.xsd">

<!—Stateless RESTful services use BASIC authentication-->
   <security:http create-session="stateless">
      <security:intercept-url pattern="/rest/**"
      access="hasRole('ROLE_REST_DEMO')"/>
      <security:http-basic/>
   </security:http>
   <security:authentication-manager>
```

```
        <security:authentication-provider>
            <security:user-service>
                <security:user name="rest_demo" password="rest_demo"
                authorities="ROLE_REST_DEMO"/>
            </security:user-service>
        </security:authentication-provider>
    </security:authentication-manager>
</beans:beans>
```

Web.xml 更新

现在扩展 contextConfigLocation 上下文参数，加入新的 Spring security 配置文件 security-applicationContext.xml。把 Spring Security 嵌入进来。

```
<context-param>
  <param-name>contextConfigLocation</param-name>
  <param-value>
     classpath:spring/applicationContext.xml
       classpath:spring/security-applicationContext.xml
  </param-value>
  </context-param>
  <!—Hook into spring security-->
  <filter>
  <filter-name>springSecurityFilterChain</filter-name>
  <filter-class>org.springframework.web.filter.DelegatingFilterProxy
  </filter-class>
</filter>
<filter-mapping>
  <filter-name>springSecurityFilterChain</filter-name>
  <url-pattern>/rest/*</url-pattern>
</filter-mapping>
```

调用 REST

在浏览器输入：localhost:8080/lab8/rest/podcast

接着输入用户名和密码：rest_demo/rest_demo

CURL：curl -H "Content-Type: application/json" -u rest_ demo:rest_ demo -X GET http://localhost:8080/lab8/rest/podcasts

8.3　小结

本章介绍了用来保护 RESTful API 调用的 OAuth2 标准，并做了一个实现基本 Spring security 的练习，还介绍了有关 HTTP、服务器和客户端缓存的概念。

最后回顾了 REST API 的三个重要概念：架构、设计和编码。

架构方面的主题包括 Web 架构风格、API 解决方案架构、API 组合架构、API 平台架构、API 管理和安全性-OAuth。

设计方面的主题包括 REST API 基本原理、数据交换格式、SOAP 和 REST 的比较、XML 和 JSON 的比较、API 设计简介(REST 和 JAX-RS)、API 设计最佳实践、RESTful API 建模、构建 RESTful API-框架、与 RDBMS(MySQL)和 NoSQL 数据库交互、使用 RESTful API(即 JSON、XML)、安全性和 API 缓存。

另外完成了编码练习，每章结束时都有相应的练习来帮助我们了解每个概念是如何实现的。